U0176930

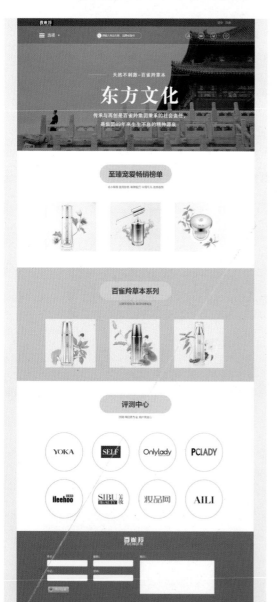

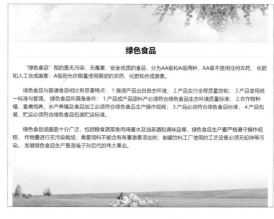

绿色食品

"绿色食品"指的是无污染、无毒害、安全优质的食品，分为AA级和A级两种，AA级不使用任何农药、化肥和人工合成激素；A级则允许限量使用限定的农药、化肥和合成激素。

绿色食品与普通食品相比有显著特点：1.强调产品出自良态环境；2.产品实行全程质量控制；3.产品使用统一标准与管理。绿色食品所具备条件：1.产品或产品原料产必须符合绿色食品生态环境质量标准；2.农作物种植、畜禽饲养、水产养殖及食品加工必须符合绿色食品生产操作规程；3.产品必须符合绿色食品标准；4.产品包装、贮运必须符合绿色食品包装贮运标准。

绿色食品涵盖面十分广泛，包括粮食蔬菜鱼肉鸡蛋水及油茶酒和调味品等，绿色食品生产严格遵守操作规程，作物要进行无污染栽培；禽畜饲料不能含有有害激素添加剂；制罐饮料工厂使用的工艺设备必须无铅锌等污染。发展绿色食品生产是造福子孙后代的伟大事业。

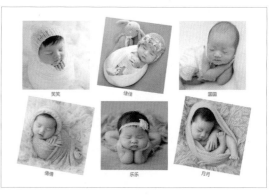

"十四五"职业教育国家规划教材

工业和信息化精品系列教材

Web 前端开发案例教程

案例教程

HTML5+CSS3｜微课版｜第 2 版

李志云 董文华 ◉ 主编

臧金梅 田洁 周宁宁 杨晓莹 ◉ 副主编

FRONT-END DEVELOPMENT
WITH HTML5 AND CSS3

人民邮电出版社

北 京

图书在版编目（CIP）数据

Web前端开发案例教程：HTML5+CSS3：微课版 / 李志云，董文华主编. -- 2版. -- 北京：人民邮电出版社，2023.1（2024.6重印）

工业和信息化精品系列教材

ISBN 978-7-115-60023-3

Ⅰ. ①W… Ⅱ. ①李… ②董… Ⅲ. ①超文本标记语言－程序设计－教材②网页制作工具－教材 Ⅳ. ①TP312.8②TP393.092.2

中国版本图书馆CIP数据核字(2022)第164222号

内 容 提 要

本书主要以未来信息学院网站为载体，介绍如何利用最新Web前端开发技术HTML5和CSS3等制作静态网站。全书共划分为12个任务，将未来信息学院网站项目拆分为前10个任务，每个任务实现一个相对独立的功能；任务11在学习前面任务的基础上，按照真实网站开发流程，完成未来信息学院网站整体的设计与实现；任务12完成化妆品公司网站的设计与实现，该网站充分利用CSS3的过渡、变形等属性实现图片的变换和旋转等效果，拓宽网站开发的思路。

本书可以作为高职高专院校计算机相关专业"Web前端开发"课程的教材，也可以作为Web前端开发爱好者的学习参考书。

- ◆ 主　　编　李志云　董文华
　　副主编　臧金梅　田　洁　周宁宁　杨晓莹
　　责任编辑　马小霞
　　责任印制　王　郁　焦志炜
- ◆ 人民邮电出版社出版发行　　北京市丰台区成寿寺路11号
　　邮编　100164　电子邮件　315@ptpress.com.cn
　　网址　https://www.ptpress.com.cn
　　山东百润本色印刷有限公司印刷
- ◆ 开本：787×1092　1/16　　　　彩插：1
　　印张：17.75　　　　　　　　　　2023年1月第2版
　　字数：502千字　　　　　　　　2024年6月山东第8次印刷

定价：59.80元

读者服务热线：**(010)81055256**　印装质量热线：**(010)81055316**
反盗版热线：**(010)81055315**
广告经营许可证：京东市监广登字20170147号

前言 PREFACE

本书全面贯彻党的二十大精神，以社会主义核心价值观为引领，传承中华优秀传统文化，内容体现时代性和创造性，注重立德树人，以正能量案例引导学生形成正确的世界观、人生观和价值观。本书以真实项目组织全书内容，从内容安排、知识点组织、教与学、做与练等多方面体现高职教育特色。全书主要介绍两个大的项目，即学院网站和化妆品网站，共 12 个任务。其中，将学院网站项目拆分为前 10 个任务，每个任务完成一个相对独立的功能。任务 11 将前面的任务组合，完成学院网站整体的设计与实现。任务 12 介绍化妆品网站的设计与实现，拓宽学生在网站开发方面的思路。本书主要特点体现在以下几个方面。

1. 项目贯穿、任务驱动

全书以完成网站项目组织教与学；以完成任务为导向，引入相关知识点。全书以"实现任务为主，理论够用"的原则编写。

2. 以岗定课、课岗直通

根据 Web 前端开发相关岗位的需求，介绍主流的 Web 开发知识，摒弃过时、不需要的知识点，做到课堂所学与岗位需求无缝衔接。

3. 产教融合、校企合作

本书是与山东树湾信息科技有限公司、国基北盛（南京）科技发展有限公司的 Web 前端开发工程师合作编写的。合作内容包括共同研讨课程标准、制订教学计划、开发教学项目等。

本书在第 1 版的基础上，保留了原书的主体内容与特色，并对内容进行了优化、补充和调整，主要做了以下几方面的修订工作。

（1）把网页编辑工具由 Dreamweaver 替换为 HBuilderX，HBuilderX 是优秀的国产免费开发工具，更方便快捷。

（2）增加大量优质微课视频和教学资源，便于进行线上和线下混合式教学。

（3）增加课后习题，增加拓展学习内容，培养学生自学能力；增加扩展阅读内容，拓宽学生知识面。

本书主要内容及参考学时如表 1 所示。

表 1　本书主要内容及参考学时

任务	内容	主要知识点	学时
任务 1	创建第一个 HTML5 网页	Web 相关概念、HTML5 概述、常用的浏览器、网页编辑软件、创建第一个 HTML5 网页等	2
任务 2	搭建简单学院网站	HTML5 常用文本标记、列表标记、超链接标记以及图像标记等	12
任务 3	美化简单学院网站	引入 CSS 样式、CSS 常用选择器、CSS 常用文本属性、CSS 样式创建等	4

续表

任务	内容	主要知识点	学时
任务 4	制作学院介绍页面	盒子模型的概念、盒子模型的相关属性、背景属性等	6
任务 5	制作学院网站导航条	无序列表及超链接样式设置、元素的类型与转换、常用导航条结构及样式设置等	4
任务 6	制作学院新闻块	元素的浮动与定位、块元素间的外边距、新闻块的搭建与样式设置等	8
任务 7	制作学生信息表	表格的常用标记及样式设置等	4
任务 8	制作学生信息注册表单	表单标记、表单控件、表单的创建及样式设置等	6
任务 9	布局学院网站主页	HTML5 新增结构标记、HTML5+CSS3 布局等	4
任务 10	使用 CSS3 实现动画效果	过渡属性、变形属性及动画属性等	4
任务 11	完整项目：制作学院网站	学院网站项目的设计与实现	8
任务 12	完整项目：制作化妆品网站	化妆品网站项目的设计与实现	2
合计			64

　　本书配套数字课程"Web 前端基础"已在智慧职教 MOOC 平台上线，读者可以登录网站进行在线学习及资源下载，授课教师可以调用本课程构建符合自身教学特色的 SPOC 课程。

　　本书由李志云、董文华担任主编，臧金梅、田洁、周宁宁、杨晓莹担任副主编，李文超、郭文文参编，全书由李志云统稿。由于编者水平有限，书中不妥之处敬请读者批评指正。编者电子邮箱：lizhiyunwf@126.com。

编者

2023 年 5 月

目录 CONTENTS

任务 1

创建第一个 HTML5 网页 ……… 1

1.1 任务描述 …………………… 1
1.2 知识准备 …………………… 1
   1.2.1 认识 Web 前端开发 ……… 1
   1.2.2 Web 相关概念 …………… 2
   1.2.3 HTML5 概述 ……………… 4
   1.2.4 常用的浏览器 …………… 4
   1.2.5 网页编辑软件 …………… 5
1.3 任务实现 …………………… 5
任务小结 …………………………… 8
习题 1 ……………………………… 8
实训 1 ……………………………… 9
扩展阅读 …………………………… 9

任务 2

搭建简单学院网站 ………… 11

2.1 任务描述 …………………… 11
2.2 知识准备 …………………… 12
   2.2.1 HTML5 文档的基本结构 … 12
   2.2.2 HTML 标记及其属性 …… 13
   2.2.3 HTML 文本标记 ………… 14
   2.2.4 HTML 列表标记 ………… 19
   2.2.5 HTML 超链接标记 ……… 24
   2.2.6 HTML 图像标记 ………… 27
2.3 任务实现 …………………… 30

   2.3.1 创建项目 ………………… 30
   2.3.2 创建网站首页 …………… 30
   2.3.3 创建学院简介页面 ……… 31
   2.3.4 创建学院新闻页面 ……… 32
   2.3.5 创建新闻详情页面 ……… 33
任务小结 …………………………… 34
习题 2 ……………………………… 35
实训 2 ……………………………… 37
扩展阅读 …………………………… 38

任务 3

美化简单学院网站 ………… 39

3.1 任务描述 …………………… 39
3.2 知识准备 …………………… 40
   3.2.1 什么是 CSS ……………… 40
   3.2.2 引入 CSS 样式 …………… 40
   3.2.3 CSS 常用选择器 ………… 44
   3.2.4 CSS 常用文本属性 ……… 50
   3.2.5 CSS 的高级特性 ………… 55
3.3 任务实现 …………………… 58
   3.3.1 美化网站首页 …………… 58
   3.3.2 美化学院简介页面 ……… 59
   3.3.3 美化学院新闻页面 ……… 61
   3.3.4 美化新闻详情页面 ……… 62
任务小结 …………………………… 64
习题 3 ……………………………… 65

实训 3 ···················· 66
扩展阅读 ················· 67

任务 4

制作学院介绍页面 ··········· 68
4.1 任务描述 ·············· 68
4.2 知识准备 ·············· 69
　4.2.1 盒子模型的概念 ·········· 69
　4.2.2 盒子模型的相关属性 ······· 70
　4.2.3 背景属性 ············ 77
4.3 任务实现 ·············· 86
　4.3.1 搭建学院介绍页面结构 ····· 86
　4.3.2 定义学院介绍页面 CSS 样式 ··· 87
任务小结 ················· 88
习题 4 ·················· 89
实训 4 ·················· 90
扩展阅读 ················· 91

任务 5

制作学院网站导航条 ········· 92
5.1 任务描述 ·············· 92
5.2 知识准备 ·············· 93
　5.2.1 无序列表样式设置 ········ 93
　5.2.2 超链接样式设置 ········· 94
　5.2.3 元素的类型与转换 ········ 96
5.3 任务实现 ·············· 99
　5.3.1 搭建学院网站导航条结构 ··· 99
　5.3.2 定义学院网站导航条 CSS 样式··· 101
任务小结 ················· 103
习题 5 ·················· 103
实训 5 ·················· 104

扩展阅读 ················· 105

任务 6

制作学院新闻块 ············· 106
6.1 任务描述 ·············· 106
6.2 知识准备 ·············· 107
　6.2.1 元素的浮动 ··········· 107
　6.2.2 元素的定位 ··········· 110
　6.2.3 块元素间的外边距 ······· 115
6.3 任务实现 ·············· 122
　6.3.1 搭建学院新闻块页面结构 ··· 122
　6.3.2 定义学院新闻块 CSS 样式 ··· 124
任务小结 ················· 126
习题 6 ·················· 127
实训 6 ·················· 128
扩展阅读 ················· 129

任务 7

制作学生信息表 ············· 130
7.1 任务描述 ·············· 130
7.2 知识准备 ·············· 130
　7.2.1 表格标记 ············ 131
　7.2.2 合并单元格 ··········· 132
　7.2.3 使用 CSS 定义表格样式 ···· 134
7.3 任务实现 ·············· 136
　7.3.1 搭建学生信息表结构 ····· 136
　7.3.2 定义学生信息表 CSS 样式 ·· 138
任务小结 ················· 139
习题 7 ·················· 140
实训 7 ·················· 140
扩展阅读 ················· 141

任务 8

制作学生信息注册表单 ⋯⋯⋯142

8.1　任务描述⋯⋯⋯⋯⋯⋯⋯⋯142

8.2　知识准备⋯⋯⋯⋯⋯⋯⋯⋯143

　　8.2.1　认识表单⋯⋯⋯⋯⋯⋯143

　　8.2.2　表单标记⋯⋯⋯⋯⋯⋯143

　　8.2.3　表单控件⋯⋯⋯⋯⋯⋯144

　　8.2.4　使用 CSS 定义表单样式⋯⋯⋯150

8.3　任务实现⋯⋯⋯⋯⋯⋯⋯⋯152

　　8.3.1　搭建学生信息注册表单页面结构⋯152

　　8.3.2　使用 CSS 定义学生信息注册表单
　　　　　页面样式⋯⋯⋯⋯⋯⋯155

任务小结⋯⋯⋯⋯⋯⋯⋯⋯⋯⋯156

习题 8⋯⋯⋯⋯⋯⋯⋯⋯⋯⋯⋯158

实训 8⋯⋯⋯⋯⋯⋯⋯⋯⋯⋯⋯159

扩展阅读⋯⋯⋯⋯⋯⋯⋯⋯⋯⋯160

任务 9

布局学院网站主页 ⋯⋯⋯⋯⋯161

9.1　任务描述⋯⋯⋯⋯⋯⋯⋯⋯161

9.2　知识准备⋯⋯⋯⋯⋯⋯⋯⋯161

　　9.2.1　HTML5 新增结构标记⋯⋯⋯162

　　9.2.2　HTML5+CSS3 布局⋯⋯⋯167

9.3　任务实现⋯⋯⋯⋯⋯⋯⋯⋯174

　　9.3.1　搭建布局块结构⋯⋯⋯⋯174

　　9.3.2　定义布局块 CSS 样式⋯⋯176

任务小结⋯⋯⋯⋯⋯⋯⋯⋯⋯⋯179

习题 9⋯⋯⋯⋯⋯⋯⋯⋯⋯⋯⋯179

实训 9⋯⋯⋯⋯⋯⋯⋯⋯⋯⋯⋯180

扩展阅读⋯⋯⋯⋯⋯⋯⋯⋯⋯⋯180

任务 10

使用 CSS3 实现动画效果 ⋯ 182

10.1　任务描述⋯⋯⋯⋯⋯⋯⋯182

10.2　知识准备⋯⋯⋯⋯⋯⋯⋯183

　　10.2.1　过渡属性⋯⋯⋯⋯⋯183

　　10.2.2　变形属性⋯⋯⋯⋯⋯188

　　10.2.3　动画属性⋯⋯⋯⋯⋯198

10.3　任务实现⋯⋯⋯⋯⋯⋯⋯203

　　10.3.1　搭建照片墙页面结构⋯203

　　10.3.2　定义照片墙页面 CSS 样式⋯204

任务小结⋯⋯⋯⋯⋯⋯⋯⋯⋯⋯206

习题 10⋯⋯⋯⋯⋯⋯⋯⋯⋯⋯206

实训 10⋯⋯⋯⋯⋯⋯⋯⋯⋯⋯207

扩展阅读⋯⋯⋯⋯⋯⋯⋯⋯⋯⋯209

任务 11

完整项目：制作学院网站 ⋯ 210

11.1　任务描述⋯⋯⋯⋯⋯⋯⋯210

11.2　网站规划⋯⋯⋯⋯⋯⋯⋯211

11.3　效果图设计⋯⋯⋯⋯⋯⋯212

　　11.3.1　效果图设计原则⋯⋯⋯212

　　11.3.2　效果图设计步骤⋯⋯⋯213

　　11.3.3　效果图切片导出网页⋯218

11.4　制作网站主页⋯⋯⋯⋯⋯218

11.5　制作新闻列表页⋯⋯⋯⋯237

11.6　制作新闻详情页⋯⋯⋯⋯243

11.7　制作视频宣传页⋯⋯⋯⋯245

11.8　添加网页动态效果⋯⋯⋯246

任务小结⋯⋯⋯⋯⋯⋯⋯⋯⋯⋯247

扩展阅读⋯⋯⋯⋯⋯⋯⋯⋯⋯⋯247

任务 12

完整项目：制作化妆品网站 ·············· 249

12.1 任务描述 ················· 249

12.2 网站规划 ················· 250

   12.2.1 网站需求分析 ················· 250

   12.2.2 网站的风格定位 ················· 251

12.2.3 规划草图 ················· 251

12.2.4 素材准备 ················· 251

12.3 制作网站主页 ················· 252

12.4 制作网站登录页面 ················· 267

12.5 制作网站注册页面 ················· 270

任务小结 ················· 273

扩展阅读 ················· 273

参考文献 ················· 276

任务1
创建第一个HTML5网页

Web 前端开发是从创建网页开始的，本任务运用 HBuilderX 网页编辑软件创建一个简单的 HTML5 网页。通过该任务的实现，熟悉 HBuilderX 网页编辑软件，了解网页文件的基本结构和网页相关概念等。

学习目标:

※　了解 Web 前端开发技术;

※　了解 Web 相关概念;

※　熟悉常用的浏览器;

※　了解常用的网页编辑软件;

※　会创建简单的 HTML5 页面。

1.1　任务描述

启动 HBuilderX，创建一个空项目，项目名称为 chapter01，在该项目中新建一个 HTML 文件，文件名为 example01.html，在网页上显示："这是我的第一个网页哦。"。网页浏览效果如图 1-1 所示。

图 1-1　第一个网页

1.2　知识准备

2005 年以后，互联网进入 Web 2.0 时代，各种类似桌面软件的 Web 应用大量涌现，网站的前端由此发生了翻天覆地的变化。网页不再只承载单一的文字和图片，各种丰富的媒体让网页的内容更加生动，网页的各种交互形式为用户提供了更好的使用体验，这些都是基于前端技术实现的。

1.2.1　认识 Web 前端开发

Web 前端开发是创建 Web 页面或 App 界面等前端界面并将其呈现给用户的过程，通过超文本标记语言（Hyper-Text Markup Language，HTML）、层叠样式表

微课 1-1：Web
前端开发的前世
今生

（Cascading Style Sheets，CSS）、JavaScript 以及衍生出来的各种技术、框架、解决方案，来实现互联网产品的用户界面交互。

前端开发从网页制作演变而来，名称上有很明显的时代特征。在互联网的演化进程中，网页制作是 Web 1.0 时代的产物，早期网站的主要内容都是静态的，以图片和文字为主，用户使用网站的行为也以浏览为主。随着互联网技术的发展和 HTML5、CSS3 的应用，现在的网页更加美观，交互效果显著，功能更加强大。

与前端开发对应的是后端开发。后端开发通过编写程序代码与后台服务器交互，来动态更新网站的内容。页面超文本预处理器（Page Hypertext Preprocessor，PHP）、Java 服务器页面（Java Server Pages，JSP）和活动服务器页面（Active Server Pages，ASP）.NET 等后台开发技术，结合后台数据库技术，可以使网站具有后台存储和处理数据等功能。

本书是学习 Web 前端开发技术基础的教材，主要学习利用 HTML5 和 CSS3 构建 Web 网页的知识。

1.2.2　Web 相关概念

对于从事 Web 开发的人员来说，与互联网相关的专业术语是必须了解的，如 IP 地址、域名、URL、HTTP 与 HTTPS，以及网站、网页、主页和 HTML、Web 标准等概念。

1. IP 地址

IP 地址（Internet Protocol Address）用于确定互联网上的每台主机，它是每台主机唯一的标识。在互联网上，每台计算机或网络设备的 IP 地址都是全世界唯一的。

IP 地址的格式是 xxx.xxx.xxx.xxx，其中 xxx 是 0～255 的任意整数。例如，某台主机的 IP 地址是 61.172.201.232。

2. 域名

由于 IP 地址是数字编码的，不易记忆，所以我们平时上网使用的大多是诸如 www.ptpress.com.cn 的地址，即域名。www 表示万维网（World Wide Web，WWW）。例如，www.ryjiaoyu.com 是人邮教育社区的域名。

3. URL

统一资源定位符（Uniform Resource Locator，URL）其实就是 Web 地址，俗称"网址"。万维网上的所有文件都有唯一的 URL，只要知道资源的 URL，就能够对其进行访问。

URL 的格式为"协议名://主机域名或 IP 地址/路径/文件名称"。

例如，http://www.ryjiaoyu.com/book/details/6948 就是一本书详情页的 URL。

4. HTTP 与 HTTPS

超文本传输协议（Hyper Text Transfer Protocol，HTTP）是互联网上应用最为广泛的一种网络协议。所有的万维网文件都必须遵守这个协议。设计 HTTP 的最初目的是提供一种发布和接收 HTML 页面的方法。

超文本传输安全协议（Hyper Text Transfer Protocol Secure，HTTPS）是由 HTTP+安全套接字层（Secure Socket Layer，SSL）构建的、可进行身份认证的加密传输协议，比 HTTP 更安全。

5. 网站、网页与主页

简单地说，网页就是把文字、图形、声音、视频等融媒体形式的信息，以及分布在因特网上的各种相关信息，相互链接构成的一种信息表达方式。

在浏览网站时看到的每个页面都像是书中的一页，我们称为"网页"。

把一系列逻辑上可以视为一个整体的网页叫作网站，或者说，网站就是一组相互链接的页面集合，它具有共享的属性。

主页是网站被访问的第一个页面，其中包含指向其他页面的超链接，通常用 index.html 表示。

微课 1-2：网页语言-HTML

6. HTML

HTML 表示网页的一种规范（或者说是一种标准），它通过标记定义了网页内容的显示。HTML 提供了许多标记，如段落标记、标题标记、超链接标记和图像标记等。网页中需要显示什么内容，就用相应的 HTML 标记进行描述。图 1-2 和图 1-3 所示是京东网的主页和主页的 HTML 源代码。

图 1-2　京东网主页

图 1-3　京东网主页的 HTML 源代码

7. Web 标准

为了使网页在不同的浏览器中显示相同的效果，在开发应用程序时，浏览器开发商和 Web 开发商都必须共同遵守 W3C 与其他标准化组织共同制定的一系列 Web 标准。

万维网联盟（World Wide Web Consortium，W3C）是国际最著名的标准化组织之一。

Web 标准并不是某一个标准，而是一系列标准的集合，主要包括结构标准、表现标准和行为标准。结构主要指的是网页的 HTML 结构，即网页文档的内容；表现指的是网页元素的版式、颜色、大小等外观样式，是指用 CSS 设置的样式；行为指的是网页模型的定义及交互代码的编写，主要是指用 JavaScript 脚本语言实现的网页行为效果。

1.2.3 HTML5概述

HTML5 是超文本标记语言的第 5 代版本，在互联网上的应用越来越广泛。HTML5 将 Web 应用带入一个标准的应用平台。在 HTML5 平台上，视频、音频、图像和动画等都被标准化。

HTML5 取代了 1999 年制定的 HTML 4.01 和 XHTML 1.0 标准，在互联网应用迅速发展的时候，使网络标准符合当代的网络需求，为桌面和移动平台带来无缝衔接的丰富内容。HTML5 的第一份正式草案已于 2008 年 1 月公布，并得到了各大浏览器开发商的广泛支持。2014 年 10 月 29 日，W3C 宣布 HTML5 标准规范制定完成，并公开发布。HTML5 的主要优势如下。

（1）良好的移植性。HTML5 可以跨平台使用，具有良好的移植性。

解决了跨浏览器问题。在 HTML5 之前，各大浏览器不具有统一的标准，用户使用不同的浏览器有时会看到不同的页面效果。HTML5 纳入了所有合理的扩展功能，具备良好的跨平台性能。

（2）更直观的结构。HTML5 新增了一些 HTML 结构标记，如<header>、<nav>、<section>、<article>、<footer>等，为页面引入了更多实际语义。

（3）内容和样式分离。HTML5 更好地实现了内容和样式的分离，内容由 HTML5 标记定义，样式由 CSS 实现。

（4）新的表单元素。HTML5 新增了一些全新的表单输入对象，如日期控件、时间控件、颜色控件等，可以创建具有更强交互性、更加友好的表单。

（5）更方便地嵌入音频和视频。新增<audio>和<video>标记，可以轻松在页面中插入音频和视频。

（6）矢量图绘制。实现 2D 绘图的 canvas 对象，使得浏览器可以脱离 Flash 等插件，直接显示图形或动画。

1.2.4 常用的浏览器

浏览器是网页运行的平台，网页文件必须使用浏览器打开才能呈现网页效果。目前，常用的浏览器有 Edge、火狐（Firefox）、Chrome、Safari 和 Opera 等，如图 1-4 所示。

Edge浏览器　　火狐浏览器　　Chrome浏览器

Safari浏览器　　Opera浏览器

图 1-4　常用的浏览器

1. Edge 浏览器

Edge 浏览器是微软新一代的浏览器，是 IE 的替代产品，其功能全面，支持扩展程序，界面简洁、注重实用，对 HTML5 有很好的支持。

2. 火狐浏览器

火狐浏览器是一个开源网页浏览器。火狐浏览器由 Mozilla 资金会和开源开发者一起开发。由于是开源的，所以它可以集成很多小插件，具有可拓展等特点。该浏览器发布于 2002 年，它也是世界上使用较广泛的浏览器。

由于火狐浏览器对 Web 标准的执行比较严格，所以在实际网页制作过程中，火狐浏览器是最常用的浏览器之一，对 HTML5 的支持度也很好。

3. Chrome 浏览器

Chrome 浏览器是由谷歌公司开发的开放源代码的浏览器。该浏览器的目标是提升网页的稳定性、传输速度和安全性，并创造出简单有效的使用界面。Chrome 浏览器完全支持 HTML5 的功能。

> **注意** 本书所有页面在浏览时一律采用 Chrome 浏览器。

另外，Safari 浏览器是苹果公司开发的浏览器，Opera 浏览器是 Opera 软件公司开发的一款浏览器，两款浏览器都对 HTML5 有很好的支持。

1.2.5 网页编辑软件

网页编辑软件有很多种，比较常用的有 HBuilderX、Adobe Dreamweaver、Visual Studio Code、Sublime Text 等。

1. HBuilderX

HBuilderX 是由数字天堂（北京）网络技术有限公司（DCloud）推出的一款支持 HTML5 的 Web 开发编辑器，是一款优秀的国产免费软件，在前端开发、移动开发方面提供了丰富的功能和贴心的用户体验。HBuilderX 本身主体是用 Java 编写的。速度快是 HBuilderX 的最大优势，它通过完整的语法提示和代码块等，大幅提升 HTML、CSS、JavaScript 等的开发效率。

本书所有代码均使用 HBuilderX 编写。

2. Adobe Dreamweaver

Dreamweaver 是软件开发商 Adobe 公司推出的一套拥有可视化编辑界面，可用于编辑网站和移动应用程序的代码编辑器。它支持通过代码、拆分、设计、实时视图等多种方式来创作、编辑和修改网页，对于 Web 开发初级人员来说，无须编写任何代码就能快速创建 Web 页面。其成熟的代码编辑工具更适用于 Web 开发高级人员的创作。Adobe Dreamweaver 是一个比较好的 HTML 代码编辑器。

3. Visual Studio Code

Visual Studio Code 简称 VS Code，是微软公司针对编写现代 Web 应用和云应用的跨平台源代码编辑器，可用于 Windows、mac OS 和 Linux 操作系统，是最受欢迎的源代码编辑器之一。它速度快、轻量级且功能强大。

4. Sublime Text

Sublime Text 是一款流行的代码编辑器。Sublime Text 具有漂亮的用户界面和强大的功能，如代码缩略图、Python 的插件、代码段等。用户还可自定义功能键、菜单和工具栏。Sublime Text 的主要功能包括：拼写检查、书签、即时项目切换、多选择、多窗口等。Sublime Text 是一款跨平台的编辑器，同时支持 Windows、Linux、mac OS 等操作系统。

1.3 任务实现

创建 HTML5 网页的具体步骤如下。

1. 启动 HBuilderX

双击 HBuilderX.exe 文件或桌面上的 HBuilderX 快捷方式，启动 HBuilderX，如图 1-5 所示。

微课 1-3：任务实现

图 1-5 HBuilderX 界面

2. 新建项目

项目用来存储一个网站的所有文件，这些文件包括网页文件、图像及音视频文件、脚本文件、样式表文件等。

从菜单栏中选择"文件"|"新建"|"项目"选项，出现"新建项目"对话框，输入项目名称 chapter01，项目存放位置为"E:/Web 前端开发/源码"，选择模板类型为"空项目"，单击"创建"按钮，如图 1-6 所示。

图 1-6 新建项目

此时一个项目创建完成，在 HBuilderX 的左侧视图中显示了该项目，如图 1-7 所示。若左侧视图没显示在 HBuilderX 界面中，则可选择菜单栏的"视图"|"显示项目管理器"选项使其显示。

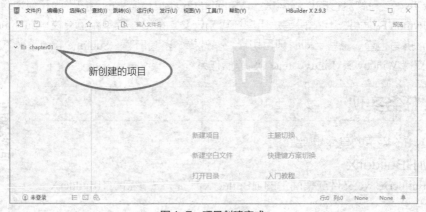

图 1-7 项目创建完成

3．在项目中创建网页文件

在左侧视图中右击项目名称，在弹出的快捷菜单中选择"新建"｜"html 文件"选项，出现"新建 html 文件"对话框，输入文件名 example01.html，单击"创建"按钮，如图 1-8 所示。

图 1-8　新建网页文件

4．输入网页代码

在网页文件代码的<title>与</title>之间输入 HTML 文档的标题，这里输入"第一个网页"，然后在<body>与</body>标记之间添加网页的主体内容，如图 1-9 所示。

<p>这是我的第一个网页哦。</p>

这里的<p>和</p>是 HTML 段落标记，在任务 2 中会详细介绍。

图 1-9　输入网页代码

5．保存文件

在菜单栏中选择"文件"｜"保存"选项，或按"Ctrl+S"组合键，即可保存文件内容。

6．浏览网页

在 HBuilderX 中单击工具栏中的"浏览器运行"按钮 ⊙，或按"Ctrl+R"组合键，选择 Chrome 浏览器浏览网页，效果如图 1-10 所示。

图 1-10　浏览网页

至此，创建了一个 HTML5 项目 chapter01，该项目包含一个网页文件 example01.html。在该项目中用同样的方法还可以继续创建新的网页文件，同学们可以自行练习。

> **注意** 浏览网页时，也可在"此电脑"或"计算机"中双击文件名来浏览。

任务小结

本任务主要介绍了 Web 前端开发的基础知识，包括 Web 相关概念、HTML5 概述、常用的浏览器、网页编辑软件、使用 HBuilderX 开发工具创建简单的 HTML5 项目和网页文件等。本任务的主要知识点如表 1-1 所示。

表 1-1　任务 1 的主要知识点

知识点	包含内容	说明
Web 相关概念	IP 地址	用于确定互联网上的每台主机
	域名	与 IP 地址对应，便于记忆
	URL	统一资源定位符
	HTTP	超文本传输协议
	HTTPS	超文本传输安全协议
	HTML	超文本标记语言
	Web 标准	包括结构、表现和行为标准
HTML5 概述	HTML5 的主要优势	良好的移植性、更直观的结构、内容和样式分离、新的表单元素、更方便地嵌入音频和视频、矢量图绘制等
常用的浏览器	Edge 浏览器	完全支持 HTML5 的功能
	火狐浏览器	对 HTML5 的支持度较好
	Chrome 浏览器	完全支持 HTML5 的功能
网页编辑软件	HBuilderX、Adobe Dreamweaver、Visual Studio Code、Sublime Text 等	本书使用国产软件 HBuilderX
创建 HTML5 网页	（1）在 HBuilderX 中选择"文件"|"新建"|"项目"选项，新建项目。（2）右击项目名称，选择"新建"|"html 文件"选项，新建网页文件	保存网页组合键：Ctrl+S 浏览网页组合键：Ctrl+R

习题 1

一、单项选择题

1. HTML 的中文意思是（　　）。

　　A）文件传输协议　　　B）超文本传输协议　　　C）超文本标记语言　　D）统一资源定位符

2. HTTP 的中文意思是（　　）。

　　A）文件传输协议　　　B）超文本传输协议　　　C）超文本标记语言　　D）统一资源定位符

3. 下面的应用软件中，不可以用于网页制作的是（ 　　　 ）。

A）Sublime Text 　　　　 B）HBuilderX 　　　　 C）Dreamweaver 　　　　 D）3ds Max

二、判断题

1. 使用 Chrome 浏览器浏览网页时，在网页的任意空白处右击，选择"查看网页源代码"选项可以查看网页的 HTML 代码。（ 　　 ）

2. HTTP 是由 SSL+HTTP 构建的、可进行身份认证的加密传输协议，比 HTTPS 安全。（ 　　 ）

3. HTML5 可以跨平台使用，具有良好的移植性。（ 　　 ）

4. Web 标准并不是某一个标准，而是一系列标准的集合，主要包括结构、表现和行为标准。（ 　　 ）

5. 一个项目只能有一个网页文件。（ 　　 ）

实训 1

一、实训目的

1. 熟悉 HBuilderX 界面，会创建简单的网页。

2. 了解 HTML5 文件的基本结构。

微课 1-4：实训 1
参考步骤

二、实训内容

1. 在本任务创建的 chapter01 项目中再创建一个网页文件，文件名称为 myself.html，网页内容为自己的学号、姓名、性别、特长等内容，保存后浏览网页。

2. 拓展练习：项目和网页文件的基本操作。

在 HBuilderX 环境中，可以对项目或网页文件进行重命名、移除项目、删除网页文件等操作。其操作方法是右击项目或网页文件名称，选择相应的选项即可。请同学们自行练习。

三、实训总结

1. 在 HBuilderX 中如何创建项目？

2. 如何在项目中创建网页文件？

3. 在 HBuilderX 中移除项目，但未删除项目，如何再将其在 HBuilderX 中打开？

四、拓展学习

通过百度网站进一步了解什么是 HTML。

扩展阅读

网页的发展历史

1. 第一个网站

第一个网站是由互联网之父 Tim Berners-Lee 于 1991 年创建的。第一个网站不包含任何图像，只有文本和超链接。

2. W3C 成立

1994 年，W3C 成立，将 HTML 确立为网页的标准标记语言。W3C 一直致力于确立与维护网页编程语言的标准（如 JavaScript）。

3. 基于表格的网页

表格布局使网页设计师制作网站时有了更多选择。基于表格的网页更加复杂，有更多的栏目，也使建立一个网站变得更加容易。

4. Flash 网站

从 2000 年开始，Flash 网站因能够实现多种酷炫的效果而迅速风靡世界。Flash 网站在视觉效果、互动效果等多方面具有很强的优势，被广泛应用于汽车、奢侈品等行业。

5. 基于 CSS 的设计

CSS 于 21 世纪初受到关注。它将网页的内容与样式分离，这在本质上意味着视觉表现与内容结构的分离，使网站维护更加简便。人们完全可以改变一个基于 CSS 设计的网站的视觉效果而不用改动网站的内容。

6. HTML5 的诞生

HTML5 于 2008 年正式发布。HTML5 由不同的技术构成，其在互联网中得到了广泛的应用。HTML5 是互联网的下一代标准之一，是构建以及呈现互联网内容的一种语言方式，是互联网的核心技术之一。

未来网页将会更加多样化、个性化，随着人工智能等新技术的发展，网页独特的需求变得更加重要。Web 前端开发工程师需要有很强的学习能力、良好的敬业精神、较好的沟通能力、良好的团队合作精神及独立的工作能力。

任务2
搭建简单学院网站

本任务创建一个简单的学院网站，对学院进行简单介绍和新闻展示等。运用 HTML5 的常用标记构建网站的主页和其他子页面，在每个页面中使用相应标记构建网页内容，并且主页和其他子页面能相互链接。通过该任务的实现，掌握 HTML5 网页的基本结构、HTML5 的语法、常用的 HTML5 标记等。

学习目标：
※ 掌握 HTML5 网页的基本结构；
※ 掌握常用的 HTML5 标记；
※ 熟练使用 HTML5 常用标记搭建简单网站。

2.1 任务描述

综合利用 HTML5 标记，搭建一个简单的学院网站，页面浏览效果如图 2-1～图 2-4 所示。
要求如下。
（1）从主页可以链接到其他页面，从其他页面可以返回到主页。
（2）在主页中创建友情链接，链接到百度网站和学院官网。
（3）在学院新闻页面中，新闻条目采用无序列表展示，且每个条目都建立超链接。
（4）单击学院新闻页面中的第一条新闻，链接到新闻详情页面。

图 2-1 网站首页   图 2-2 学院简介页面

图 2-3　学院新闻页面　　　　　　　　图 2-4　新闻详情页面

2.2　知识准备

网页中显示的内容是通过 HTML 标记描述的，网页文件其实是一个纯文本文件。HTML 发展至今，经历了 HTML 1.0、HTML 2.0、HTML 3.2、HTML 4.0、HTML 4.01 和 HTML5 等多个版本，在这个过程中新增了许多 HTML 标记，同时也淘汰了一些标记。

HTML5 并不是对之前 HTML 的颠覆性革新，它的核心理念是保持与过去技术的完美衔接，因此 HTML5 对旧版本的 HTML 有很好的兼容性；同时 HTML5 能兼容各种不同的浏览器；HTML5 的结构代码也更简洁、易用。

学习 HTML5 首先需要了解 HTML5 的语法及常用的 HTML5 标记。

2.2.1　HTML5 文档的基本结构

微课 2-1：HTML5
文档的基本结构

使用 HBuilderX 新建网页文件时会自动生成一些源代码，这些自带的源代码构成了 HTML5 文档的基本结构。

例 2-1　在 HBuilderX 中新建项目，项目名称为 chapter02，位于"E:/Web 前端开发/源码"目录下，选择模板"空项目"，单击"创建"按钮。创建项目后，在项目名称上右击，选择"新建"|"html 文件"选项，在"新建 html 文件"对话框中输入文件名称 example01.html，单击"创建"按钮，此时可以看到系统自动生成的 HTML5 结构代码如下。

```
<!DOCTYPE html>
<html>
 <head>
    <meta charset="utf-8">
    <title></title>
 </head>
 <body>
 </body>
</html>
```

这些源代码构成了 HTML 文档的基本结构，其中主要包括<! DOCTYPE >文档类型声明、<html>标记、<head>标记、<body>标记。

1．<!DOCTYPE>文档类型声明

<!DOCTYPE>位于文档的最前面，用于向浏览器说明当前文档使用哪种 HTML 标准规范。HTML5
文档中的文档类型声明非常简单，代码如下。

```
<!DOCTYPE html>
```

必须在文档开头使用<! DOCTYPE >标记为 HTML 文档指定 HTML 文档类型，只有这样，浏览
器才能将该网页作为有效的 HTML 文档，并按指定的文档类型进行解析。

2．<html>标记

<html>标记标志着 HTML 文档的开始，</html>标记标志着 HTML 文档的结束。在它们之间的
是文档的头部和主体内容。

3．<head>标记

<head>标记用于定义 HTML 文档的头部信息，也称为头部标记。<head>标记紧接在<html>标记
之后，主要用来封装其他位于文档头部的标记，例如，<title>、<meta>、<link>和<style>等用来描述
文档的标题、作者以及样式等。

一个 HTML 文档只能含有一对<head>标记。

4．<body>标记

<body>标记用于定义 HTML 文档所要显示的内容，也称为主体标记。浏览器中显示的所有文本、
图像、音频和视频等信息都必须位于<body>标记内。

一个 HTML 文档只能含有一对<body>标记，且<body>标记必须在<html>标记内，位于<head>
标记之后，与<head>标记是并列关系。

2.2.2 HTML 标记及其属性

前面介绍的<html>标记、<head>标记和<body>标记都是 HTML 文档中的基本标记，除了这些标
记之外，HTML5 还提供了大量其他标记，下面对标记及标记中的属性进行简要说明。

1．标记

在 HTML 文档中，带有"<>"符号的元素称为 HTML 标记。HTML 文档由标记和被标记的内
容组成。标记可以产生所需的各种效果。

标记的格式如下。

```
<标记>受标记影响的内容</标记>
```

例如，<title>学院介绍</title>。

标记的规则如下。

（1）标记以"<"开始，以">"结束。

（2）标记一般由开始标记和结束标记组成，结束标记前有"/"符号，这样的标记称为双标记。

（3）少数标记只有开始标记，无结束标记，这样的标记称为单标记，如<hr />。在 HTML5 中，
单标记可以省略"/"，即写成<hr>的形式。

（4）标记不区分大小写，但一般用小写。

（5）可以同时使用多个标记共同作用于网页中的内容，各标记之间的顺序任意。

2．标记的属性

许多标记还包括一些属性，以便对标记作用的内容进行更详细的控制。标记可以通过不同的属
性展现各种效果。

属性在标记中的使用格式如下。

<标记 属性 1="属性值 1"　 属性 2="属性值 2"... >受标记影响的内容</标记>

例如，<a　href="http://www.sdcit*.edu.cn">未来信息学院</a>。

超链接标记<a>的属性 href 用于设置超链接的目标地址。

属性的规则如下。

（1）所有属性必须包含在开始标记里，不同属性间用空格隔开。有的标记无属性。

（2）属性值用双引号引起来，放在相应的属性之后，属性和属性值用等号连接；属性值不设置时采用属性默认值。

（3）属性之间的顺序任意。

3. 注释标记

如果需要在 HTML 文档中添加一些便于读者阅读和理解，但又不需要显示在页面中的注释文字，就需要使用注释标记。其基本语法格式如下。

<!-- 注释文字 -->

例如，<a　href="http://www.sdcit*.edu.cn">未来信息学院</a><!--给文字设置超链接-->。

下面介绍 HTML5 中的常用标记。

微课 2-2：HTML
文本标记

2.2.3　HTML 文本标记

网页中控制文本的标记有标题标记、段落标记、水平线标记、换行标记、字体样式标记、特殊字符等。

1. 标题标记

标题标记的语法格式如下。

<h*n*>标题文字</h*n*>

 说 明　使用该标记设置文档中的标题，其中 *n* 表示 1~6 的数字，分别表示一~六级标题，<h1>表示一级标题，<h6>表示六级标题。

用<hn>表示的标题文字在浏览器中显示时默认都以粗体显示，而且标题文字单独显示为一行。

例 2-2　在项目 chapter02 中新建一个网页文件，在代码中使用标题标记，文件名为 example02. html，代码如下。

```
<!DOCTYPE html>
<html>
 <head>
    <meta charset="utf-8">
    <title>标题标记</title>
 </head>
 <body>
    <h1>这是一级标题</h1>
    <h2>这是二级标题</h2>
    <h3>这是三级标题</h3>
    <h4>这是四级标题</h4>
    <h5>这是五级标题</h5>
```

```
    <h6>这是六级标题</h6>
    <p>这是普通段落</p>
 </body>
</html>
```

浏览网页，效果如图 2-5 所示。

2. 段落标记

段落标记的语法格式如下。

```
<p>段落文字</p>
```

图 2-5 标题标记

说明　　"p"是英文"paragraph"（段落）的缩写。<p>和</p>之间的文字表示一个段落，多个段落需要用多对<p>标记。

例 2-3　在项目 chapter02 中新建一个网页文件，在代码中使用段落标记，文件名为 example03.html，代码如下。

```
<!DOCTYPE html>
<html>
 <head>
    <meta charset="utf-8">
    <title>段落标记</title>
 </head>
 <body>
    <h2>未来信息学院简介</h2>
    <p>未来信息学院是省人民政府批准设立、教育部备案的公办省属普通高等学校，学校秉持"以服务发展
为宗旨，以促进就业为导向"的办学方针，遵循"以人为本、德技双馨、产教融合、服务社会"的办学理念，以"建
设有特色高水平高职院校"为目标，建立了开放创新强校模式，累积了优质的教育资源，形成了良好的育人环境。学
校的管理水平、教学质量、办学特色得到社会各界的广泛肯定。</p>
    <p>学校是教育部批准的"国家示范性软件职业技术学院"首批建设单位，部队士官人才培养定点院校，
"3+2"对口贯通分段培养本科招生试点院校，省示范性高职单独招生试点院校；是国家首批"电子信息产业高技能
人才培训基地""省级服务外包人才培训基地""省级劳务外派培训基地""省信息安全培训中心"；荣获"全国信息产
业系统先进集体""省职业教育先进集体""德育工作优秀高校"等称号。</p>
 </body>
</html>
```

浏览网页，效果如图 2-6 所示。

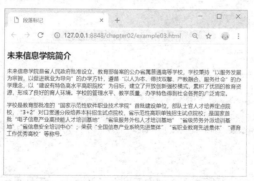

图 2-6　段落标记

3. 水平线标记

水平线标记的语法格式如下。

```
<hr>
```

例 2-4 创建水平线标记示例，文件名为 example04.html，代码如下。

```
<!DOCTYPE html>
<html>
 <head>
    <meta charset="utf-8">
    <title>水平线标记</title>
 </head>
 <body>
    <h2>未来信息学院简介</h2>
    <hr >
    <p>未来信息学院是省人民政府批准设立、教育部备案的公办省属普通高等学校，学校秉持"以服务发展
为宗旨，以促进就业为导向"的办学方针，遵循"以人为本、德技双馨、产教融合、服务社会"的办学理念，以"建
设有特色高水平高职院校"为目标，建立了开放创新强校模式，累积了优质的教育资源，形成了良好的育人环境。学
校的管理水平、教学质量、办学特色得到社会各界的广泛肯定。</p>
    <p>学校是教育部批准的"国家示范性软件职业技术学院"首批建设单位，部队士官人才培养定点院校，
"3+2"对口贯通分段培养本科招生试点院校，省示范性高职单独招生试点院校；是国家首批"电子信息产业高技能
人才培训基地""省级服务外包人才培训基地""省级劳务外派培训基地""省信息安全培训中心"；荣获"全国信息产
业系统先进集体""省职业教育先进集体""德育工作优秀高校"等称号。</p>
 </body>
</html>
```

浏览网页，效果如图 2-7 所示。

图 2-7 水平线标记

4. 换行标记

换行标记的语法格式如下。

```
<br>
```

例 2-5 在项目 chapter02 中新建一个网页文件，在代码中使用换行标记，文件名为 example05.html，代码如下。

```
<!DOCTYPE html>
<html>
```

```
<head>
    <meta charset="utf-8">
    <title>换行标记</title>
</head>
<body>
    <h1>冬夜读书示子聿</h1>
    <hr>
    <h3>[宋] 陆游</h3>
    <p>
        古人学问无遗力，<br>
        少壮工夫老始成。<br>
        纸上得来终觉浅，<br>
        绝知此事要躬行。
    </p>
</body>
</html>
```

浏览网页，效果如图 2-8 所示。

图 2-8　换行标记

注意　使用标记
换行后，换行后的文字和上面的文字保持相同的属性，仍然属于同一个段落，也就是说，
使文字换行但不分段。

5. 字体样式标记

字体样式标记可以设置文字的粗体、斜体、删除线和下画线效果。

（1）文本内容：文本以粗体显示。

（2）文本内容：文本以斜体显示。

（3）<del>文本内容</del>：为文本添加删除线。

（4）<ins>文本内容</ins>：为文本添加下画线。

例 2-6　在项目 chapter02 中新建一个网页文件，在代码中使用字体样式标记，文件名为 example06.html，代码如下。

```
<!DOCTYPE html>
<html>
 <head>
    <meta charset="utf-8">
    <title>字体样式标记</title>
```

```
</head>
<body>
    <h1>冬夜读书示子聿</h1>
    <hr>
    <h3>[宋] 陆游</h3>
    <p>
        <strong>古人学问无遗力，</strong><br>
        <em>少壮工夫老始成。</em><br>
        <del>纸上得来终觉浅，</del><br>
        <ins>绝知此事要躬行。</ins>
    </p>
</body>
</html>
```

浏览网页，效果如图 2-9 所示。

图 2-9　字体样式标记

6. 特殊字符

在网页设计过程中，除了显示文字以外，有时还需要插入一些特殊的字符，如版权符号、注册商标、货币符号等。这些字符需要用一些符号代码来表示。表 2-1 列出了常用特殊字符的符号代码。

表 2-1　常用特殊字符的符号代码

特殊字符	符号代码	备注
空格		表示占一个英文字符的空格
>	&gt;	大于号
<	&lt;	小于号
©	&copy;	版权符号
®	&reg;	注册商标
¥	&yen;	人民币符号

例 2-7　在项目 chapter02 中新建一个网页文件，在代码中使用特殊字符的符号代码，文件名为 example07.html，代码如下。

```
<!DOCTYPE html>
<html>
```

```
<head>
    <meta charset="utf-8">
    <title>特殊字符</title>
</head>
<body>
    <h2>未来信息学院简介</h2>
    <hr>
    <p>  未来信息学院是省人民政府批准设立、教育部备案的公办省属普通高等学校，学校
秉持"以服务发展为宗旨，以促进就业为导向"的办学方针，遵循"以人为本、德技双馨、产教融合、服务社会"的
办学理念，以"建设有特色高水平高职院校"为目标，建立了开放创新强校模式，累积了优质的教育资源，形成了良
好的育人环境。学校的管理水平、教学质量、办学特色得到社会各界的广泛肯定。</p>
    <p>  学校是教育部批准的"国家示范性软件职业技术学院"首批建设单位，部队士官人
才培养定点院校，"3+2"对口贯通分段培养本科招生试点院校，省示范性高职单独招生试点院校；是国家首批"电
子信息产业高技能人才培训基地""省级服务外包人才培训基地""省级劳务外派培训基地""省信息安全培训中心"；
荣获"全国信息产业系统先进集体""省职业教育先进集体""德育工作优秀高校"等称号。</p>
    <hr>
    <p>版权所有&copy;未来信息学院</p>
</body>
</html>
```

浏览网页，效果如图 2-10 所示。

图 2-10　特殊字符

 注意　输入特殊字符的符号代码时，必须区分大小写，而且字母后面的分号不能省略。

2.2.4　HTML 列表标记

列表是一种常用的组织信息的方式，HTML 提供了用于实现列表的标记。列
表样式有无序列表、有序列表、列表嵌套和自定义列表等。

微课 2-3：HTML
列表标记

1. 无序列表

无序列表的基本语法格式如下。

```
<ul>
    <li>列表项 1</li>
    <li>列表项 2</li>
    <li>列表项 3</li>
```

```
        ...
    </ul>
```

说明 ul 是英文"unordered list"（无序列表）的缩写。浏览器在显示无序列表时，会以特定的项目符号对列表项进行排列。

例 2-8 在项目 chapter02 中新建一个网页文件，在代码中使用无序列表标记，文件名为 example08. html，代码如下。

```
<!DOCTYPE html>
<html>
 <head>
     <meta charset="utf-8">
     <title>无序列表</title>
 </head>
 <body>
     <h2>本学期所学课程</h2>
     <hr>
     <ul>
         <li>信息技术基础</li>
         <li>Web 前端基础</li>
         <li>Python 语言程序设计</li>
         <li>大学英语</li>
     </ul>
 </body>
</html>
```

浏览网页，效果如图 2-11 所示。

图 2-11 无序列表

注意 <li>与</li>之间相当于有一个容器，可以容纳所有的网页元素。但是<ul></ul>中只能嵌套<li></li>，直接在<ul></ul>标记中输入文字的做法是不允许的。

2. 有序列表

有序列表的基本语法格式如下。

```
<ol>
    <li>列表项 1</li>
    <li>列表项 2</li>
```

```
        <li>列表项 3</li>
        ...
    </ol>
```

ol 是英文 "ordered list"（有序列表）的缩写。浏览器在显示有序列表时，会用数字对列表项进行排列。

例 2-9　在项目 chapter02 中新建一个网页文件，在代码中使用有序列表标记，文件名为 example09.html，代码如下。

```
<!DOCTYPE html>
<html>
 <head>
      <meta charset="utf-8">
      <title>有序列表</title>
 </head>
 <body>
      <h2>本学期所学课程</h2>
      <hr>
      <ol>
          <li>信息技术基础</li>
          <li>Web 前端基础</li>
          <li>Python 语言程序设计</li>
          <li>大学英语</li>
      </ol>
 </body>
</html>
```

浏览网页，效果如图 2-12 所示。

图 2-12　有序列表

3. 列表嵌套

在 HTML 中可以实现列表的嵌套，也就是说，无序列表或有序列表的列表项中还可以包含有序列表或无序列表。

例 2-10　在项目 chapter02 中新建一个网页文件，在代码中使用列表嵌套，文件名为 example10.html，代码如下。

```
<!DOCTYPE html>
<html>
 <head>
```

```
        <meta charset="utf-8">
        <title>列表嵌套</title>
</head>
<body>
        <h2>今天的课程表</h2>
        <hr>
        <ul>
            <li>上午课程
                <ul>
                    <li>信息技术基础</li>
                    <li>Web 前端基础</li>
                </ul>
            </li>
            <li>下午课程
                <ol>
                    <li>Python 语言程序设计</li>
                    <li>大学英语</li>
                </ol>
            </li>
        </ul>
</body>
</html>
```

浏览网页，效果如图 2-13 所示。

图 2-13　列表嵌套

4. 自定义列表

自定义列表用于对条目或术语进行解释或描述。与无序列表和有序列表的列表项不同，自定义列表的列表项前没有任何项目符号或数字。

自定义列表的基本语法格式如下。

```
<dl>
    <dt>条目 1</dt>
        <dd>数据</dd>
        <dd>数据</dd>
        ...
    <dt>条目 2</dt>
        <dd>数据</dd>
```

```
        <dd>数据</dd>
        ...
    ...
    </dl>
```

 说明 dl 是英文 "definition list"（定义列表）的缩写。dt 是 "definition term"（定义项）的缩写，表示条目名称；dd 是 "definition data"（定义数据）的缩写，表示条目的数据内容。

<dl>标记中可以有多对<dt>标记，每对<dt>标记下可以有多对<dd>标记。

自定义列表在显示时，条目的数据内容会自动缩进，使列表结构更加清晰。

例 2-11 在项目 chapter02 中新建一个网页文件，在代码中使用自定义列表标记，文件名为 example11.html，代码如下。

```
<!DOCTYPE html>
<html>
 <head>
    <meta charset="utf-8">
    <title>自定义列表</title>
 </head>
 <body>
    <h2>专业介绍</h2>
    <hr>
    <dl>
        <dt>计算机应用技术专业</dt>
        <dd>本专业服务于计算机应用领域相关行业，具备 Web 应用开发、软件设计与开发、计算机系统
维护、网络管理与维护等能力，能够从事办公自动化处理、网站开发 IA、软件编程及测试、网络运维管理等工作，
培养具有创新能力和创业精神的技术型和高层次技能型人才。</dd>
        <dt>软件技术专业</dt>
        <dd>本专业面向 IT 企业，可从事软件开发、测试、系统维护、技术服务、应用管理等工作，培养
如 Web 前端开发工程师、Java 开发工程师、软件测试工程师、PHP 开发工程师、产品设计师、系统运维工程师、软
件售前售后工程师、软件实施工程师等，也可在企事业单位中从事信息系统的设计、开发、管理、维护等工作。</dd>
    </dl>
 </body>
</html>
```

浏览网页，效果如图 2-14 所示。

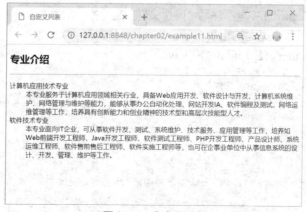

图 2-14 自定义列表

2.2.5 HTML 超链接标记

超链接是大多数网站都具有的重要功能。超链接一般有以下几种形式。

（1）页面间的超链接：该链接指向当前页面以外的其他页面，单击该链接将完成页面之间的跳转。

（2）锚点链接：该链接指向页面内的某一个地方，单击该链接可以完成页面内的跳转。

（3）空链接：单击该链接时不进行任何跳转。

微课 2-4：HTML
超链接标记

超链接的语法格式如下。

```
<a href="目标地址" target="目标窗口" title="提示文本">热点文字</a>
```

说明　（1）href：定义超链接指向的文档的 URL，URL 可以是绝对 URL，也可以是相对 URL。

① 绝对 URL：也称绝对路径，是指资源的完整地址，包含协议名称、计算机域名以及路径等。代码如下。

```
<a href="https://www.baidu*.com">百度</a>
```

② 相对 URL：也称相对路径，是指目标地址相对当前页面的路径。代码如下。

```
<a href="webs/page1.html">热点文字</a>
```

上面的相对 URL 表示 page1.html 是在当前目录下 webs 子目录中的文件。

若目标文件在当前目录的上一级目录中，则应该写成下面的格式。

```
<a href="../page1.html">热点文字</a>
```

其中，.. 表示当前目录的上一级目录。

（2）target：定义超链接的目标文件在哪个窗口打开。其常用取值有_blank 和_self。_blank 表示在新的浏览器窗口打开；_self 表示在原来的窗口打开，_self 是默认取值。

（3）title：定义鼠标指针指向超链接文字时显示的提示文字。通常在网页中显示新闻列表时，鼠标指针指向新闻可显示完整的新闻标题，此时就用 title 设置显示的内容。代码如下。

```
<a href="news1.html" title="学院 2021 年新年贺词：风正劲 帆高扬 提质培优谱新篇">学院 2021 年新年贺词...</a>
```

1. 页面间的超链接

例 2-12　在项目 chapter02 中再新建两个网页文件，文件名分别为 example12_1.html 和 example12_2.html，通过超链接实现两个页面的相互跳转。

第一个网页文件 example12_1.html 的代码如下。

```
<!DOCTYPE html>
<html>
 <head>
    <meta charset="utf-8">
    <title>页面间的超链接</title>
 </head>
 <body>
    <p><a href="example12_2.html">学院简介</a></p>
 </body>
</html>
```

第二个网页文件 example12_2.html 的代码如下。

```
<!DOCTYPE html>
<html>
 <head>
     <meta charset="utf-8">
     <title>页面间的超链接</title>
 </head>
 <body>
     <h2>学院简介</h2>
     <hr>
     <p>未来信息学院是省人民政府批准设立、教育部备案的公办省属普通高等学校，学校秉持"以服务发展
为宗旨，以促进就业为导向"的办学方针，遵循"以人为本、德技双馨、产教融合、服务社会"的办学理念，以"建
设有特色高水平高职院校"为目标，建立了开放创新强校模式，累积了优质的教育资源，形成了良好的育人环境。学
校的管理水平、教学质量、办学特色得到社会各界的广泛肯定。</p>
     <p><a href="example12_1.html">返回</a></p>
 </body>
</html>
```

浏览网页，效果如图 2-15 和图 2-16 所示。

图 2-15　页面间的超链接　　　　图 2-16　跳转到学院简介页面

在浏览器中打开 example12_1.html 文件时，建立了超链接的文字"学院简介"变成了蓝色的，且自动添加了下画线。当鼠标指针移动到"学院简介"上时，鼠标指针变成小手形状，单击该链接，页面跳转到 example12_2.html 学院简介页面。

单击 example12_2.html 学院简介页面中的"返回"时，跳转到第一个页面。

2. 锚点链接

当同一页面中内容较多，浏览时需要不断拖动滚动条来查看内容时，为了提高信息检索速度，可以在页面上创建锚点链接来快速定位到要查看的内容。

创建锚点链接需要以下两步。

第一步：定义锚点的位置，使用 id="锚点名称"来标注。

第二步：创建指向锚点的链接，使用格式<a href="#锚点名称">热点文字</a>。

例 2-13　在项目 chapter02 中新建一个网页文件，显示多个专业的介绍，在页面顶部创建锚点链接，单击专业名称时，定位到该专业内容的位置，文件名为 example13.html。

代码如下。

```
<!DOCTYPE html>
<html>
 <head>
```

```
          <meta charset="utf-8">
          <title>锚点链接</title>
      </head>
      <body>                                    链接到锚点处
          <p><a href="#yingyong">计算机应用技术专业</a>    <a href=
      "#ruanjian">软件技术专业</a>    <a href="#yunjisuan">云计算技术应用专
      业</a></p>
          <h3 id="yingyong">计算机应用技术专业</h3>   <!-- 定义锚点位置 -->
          <p>计算机应用技术专业是重点建设专业，也是我校最大的专业之一，现有在校生 1500 余人。本专业从
      2002 年开始招生，紧跟新一代信息技术发展趋势，致力于为区域经济发展服务培养人才，面向办公信息化、网站开
      发、软件编程及测试、网络运维管理等领域，为社会输送高素质技术技能人才。</p>
          ……
          <h3 id="ruanjian">软件技术专业</h3>
          <p>软件技术专业为省级特色专业、中央财政支持重点建设专业，是计算机与软件技术省级品牌专业群核
      心专业；拥有软件技术省级优秀教学团队 1 个、省级教学名师 1 人、省级名师工作室 1 个；为我院首个"3+2"对口
      贯通分段培养试点专业；与联想集团、师创等行业内的知名企业紧密合作，2018 年被省职工教育协会、省校企合作
      指导委员会表彰为省校企合作（产教融合）示范性品牌专业；拥有《Java 程序设计》《JSP 动态网站设计》《C 语言
      程序设计》《Linux 网络操作系统》等 5 门省级精品课程，《Java 程序设计》《Web 前端开发》2 门省级精品资源共
      享课程。</p>
          ……
          <h3 id="yunjisuan">云计算技术应用专业</h3>
          <p>为满足云计算技术人才培养需求，助力区域经济发展，我校依托计算机与软件技术省级品牌专业群申
      报云计算技术应用专业，作为省内较早开设该专业的职业院校，学校非常重视专业的建设和发展，将云计算技术应用
      专业列为校级重点建设专业。2017 年开始，我校与企业合作共建云计算技术应用专业，深化产教融合，完善育人机
      制，优化人才培养模式，专业核心课程及实训项目依托企业平台实施，提升学生专业技能水平。</p>
          ……
      </body>
      </html>
```

浏览网页，效果如图 2-17 所示，在该页面中单击"云计算技术应用专业"超链接时，页面会自
动定位到云计算技术应用专业内容处，如图 2-18 所示。

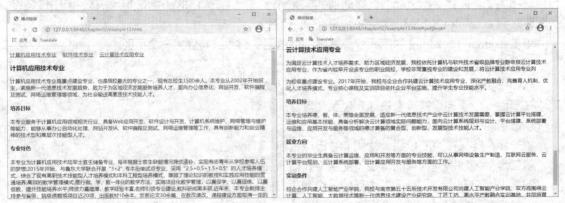

图 2-17　锚点链接　　　　　　　　　　　　　　　　图 2-18　页面定位到指定位置

实际上，锚点链接也可以用在不同的页面之间，只需在建立超链接的目标位置时，在锚点名称
前加上目标页面文件的 URL 即可。感兴趣的读者可以自行尝试。

3. 空链接

在制作网页时，如果暂时无法确定超链接的目标文件，就可以将其建立为空链接。
空链接的语法格式如下。

```
<a href="#">热点文字</a>
```

空链接也称为假链接，单击该链接时不进行任何跳转。

2.2.6 HTML 图像标记

图像是网页中大量出现的元素，下面对网页中常用的 Web 图像格式和图像标记进行介绍。

微课 2-5：HTML
图像标记

1. 常用的 Web 图像格式

网页中的图像太大会造成载入速度缓慢，太小又会影响图像的质量。那么哪种图像格式能够让图像更小，却拥有更好的质量呢？下面介绍网页中常用的 3 种图像格式。

（1）GIF 格式

GIF 最突出的特点是它支持动画，同时 GIF 也是一种无损压缩的图像格式，也就是说，压缩图片之后，图片质量几乎没有损失。而且 GIF 是支持透明的，因此很适合在互联网上使用。但 GIF 只能处理 256 种颜色，在网页制作中，GIF 格式常用于 Logo、小图标及其他颜色相对单一的图像。

（2）PNG 格式

PNG 格式包括 PNG-8、PNG-24（真彩色）和 PNG-32。相对于 GIF，PNG 最大的优势是该格式文件更小，支持透明，并且颜色过渡更光滑，但 PNG 不支持动画。通常，将图片保存为 PNG-8 格式会在同等质量下获得比 GIF 格式更小的文件，而保存半透明的图片只能使用 PNG-24 或 PNG-32。

（3）JPG 格式

JPG 格式显示的颜色比 GIF 和 PNG 格式显示的颜色要多得多，可以用来保存超过 256 种颜色的图像，但 JPG 是一种有损压缩的图像格式，这就意味着每压缩一次图像就会造成一些图像数据丢失。JPG 是专为照片设计的文件格式，网页制作过程中用到的类似于照片的图像，如横幅广告、商品图片、较大的插图等，都可以保存为 JPG 格式。

简而言之，在网页中，小图片或网页基本元素，如图标、按钮图像等，用 GIF 或 PNG-8 格式；半透明图片使用 PNG-24 或 PNG-32 格式；照片、图片等大多使用 JPG 格式。

2. 图像标记

图像标记的语法格式如下。

```
<img src="图像路径" alt="替换文本" title="提示文本" width="图像宽度" height="图像高度" >
```

> **说明**　（1）src 属性：设置图像的来源，指定图像文件的路径和文件名，它是<img>标记的必需属性。
> （2）alt 属性：设置图像不能显示时的替换文本。
> （3）title 属性：设置鼠标指针指向图像时显示的提示文本。
> （4）width 属性：设置图像的宽度。
> （5）height 属性：设置图像的高度。

例 2-14　在项目 chapter02 中新建一个目录 images，用于保存图像文件，将本任务提供的素材

图像复制到该目录中。再在 chapter02 项目中新建一个网页文件，在代码中使用图像标记，文件名为
example14.html，代码如下。

```
<!DOCTYPE html>
<html>
  <head>
      <meta charset="utf-8">
      <title>图像标记</title>
  </head>
  <body>
      <h1>蒂姆·伯纳斯·李——互联网之父</h1>
      <hr>
      <img src="images/li.png" width="300" alt="蒂姆·伯纳斯·李" title="蒂姆·伯纳斯·李">
      <p>蒂姆·伯纳斯·李（Tim Berners-Lee）爵士（1955 年出生于英国）是万维网的发明者，互联网
之父，英国功绩勋章（OM）获得者，大英帝国官佐勋章（OBE）获得者，英国皇家学会会员，英国皇家工程师学会会
员，美国国家工程院外籍院士。1989 年 3 月他正式提出万维网的设想，1990 年 12 月 25 日，他在日内瓦的欧洲粒
子物理实验室里开发出了世界上第一个网页浏览器。他是关注万维网发展的 W3C 的创始人，并获得世界多国授予的
多个荣誉。他最杰出的成就，是把免费万维网的构想推广到全世界，让万维网科技获得迅速的发展，深深改变了人类
的生活面貌。</p>
  </body>
</html>
```

浏览网页，效果如图 2-19 所示。

图 2-19　图像标记

> **注意** （1）各浏览器对 alt 属性的解析不同，有的浏览器不能正常显示 alt 属性的内容。
> （2）width 和 height 属性默认的单位都是 px（像素），这两个属性也可以使用百分比表
> 示。百分比实际上是相对于当前窗口的宽度和高度计算的。
> （3）如果不给<img>标记设置 width 和 height 属性，则图像按原始尺寸显示；若只设置
> 其中的一个属性，则另一个属性会按原图等比例调整。
> （4）设置图像的 width 和 height 属性可以实现对图像的缩放，但这样做并没有改变图
> 像文件的实际大小。如果要加快网页的下载速度，则最好使用图像处理软件将图像调
> 整到合适大小，再置入网页中。

3. 给图像创建超链接

图像不仅能够给浏览者提供信息，还可以用来创建超链接。使用图像创建超链接的方法与使用文字的方法一样，在图像标记前后使用<a>和</a>标记即可。

例 2-15 在 chapter02 项目中新建一个网页文件，给图像创建超链接，文件名为 example15.html，代码如下。

```
<!DOCTYPE html>
<html>
 <head>
     <meta charset="utf-8">
     <title>给图像创建超链接</title>
 </head>
 <body>
     <p><a href="https://www.baidu*.com"><img src="images/logo.png" alt=" LOGO"></a>
</p>
     <p><a href="images/fj.jpg"><img src="images/fj.jpg" width="300" alt="风景">
</a></p>
 </body>
</html>
```

浏览网页，分别单击网页中的两个图像，效果如图 2-20～图 2-22 所示。

图 2-20　给图像创建超链接

图 2-21　单击百度 Logo 跳转到百度网站

图 2-22　单击第二个图像跳转到图像本身

在例 2-15 的代码中，为第一个图像创建了可以跳转到百度网站的超链接，为第二个图像创建了可以跳转到图像本身的超链接。将图像超链接到图像本身可以查看图像原图。

2.3 任务实现

微课 2-6：任务
实现

本节在前面学习 HTML 基本标记的基础上，综合使用各种标记及标记属性实现简单学院网站。

2.3.1 创建项目

2.1 节中已展示过简单学院网站由多个页面构成，而且用到了图像，为了便于操作和组织这些文件，先创建网站项目，步骤如下。

（1）打开 HBuilderX 工具，选择"文件"｜"新建"选项，再选择"项目"选项，在"新建项目"对话框中输入项目名称 school，位置位于"E:/Web 前端开发/源码/chapter02"目录下，选择模板"空项目"，单击"创建"按钮，如图 2-23 所示。

图 2-23　创建项目

（2）右击项目名称 school，选择"新建"｜"目录"选项，创建目录 images，用于存放图像文件，把本任务提供的素材中的图像复制到该目录中。

2.3.2 创建网站首页

下面对首页的结构进行分析，然后在项目中创建页面文件，使用 HTML 相应标记添加页面的内容。

1. 页面分析

分析图 2-24 所示的首页，该页面有标题、带有超链接的文字以及图像等。标题文字使用标记<h2>；带有超链接的文字使用段落标记<p>和超链接标记<a>；换行使用
标记；图像使用<img>标记。

2. 创建首页

右击项目名称 school，选择"新建"｜"html文件"选项，将文件命名为 index.html，并添加代码如下。

```
<!DOCTYPE html>
<html>
```

图 2-24　首页

```
<head>
    <meta charset="utf-8">
    <title>未来信息学院</title>
</head>
<body>
    <h2>欢迎来到未来信息学院</h2>
    <hr>
    <p><a href="#">学院简介</a><br>
     <a href="#">学院新闻</a><br>
     <a href="#">专业介绍</a><br>
     <a href="#">招生就业</a>
    </p>
    <p><img src="images/school1.jpg" width="400" alt="学院鸟瞰图" title="学院鸟瞰图">
</p>
    <p>友情链接: <a href="https://www.baidu*.com" target="_blank">百度</a>  
<a href=" https://www.sdcit*.edu.cn" target="_blank">学院官网</a></p>
    <hr>
    <p>版权所有&copy;未来信息学院</p>
</body>
</html>
```

浏览网页，效果如图 2-24 所示。

2.3.3 创建学院简介页面

下面先对学院简介页面的结构进行分析，然后在项目中创建页面文件，最后使用 HTML 相应标记添加页面的内容。

1. 页面分析

分析图 2-25 所示的学院简介页面，该页面有标题和段落文字等。标题文字使用<h2>标记；水平线使用<hr>标记；段落文字使用<p>标记；"返回"超链接使用<a>标记，用于返回到首页。

图 2-25　学院简介页面

2. 创建学院简介页面

右击项目名称 school，选择"新建"|"html 文件"选项，将文件命名为 intr.html，并添加代码

如下。

```
<!DOCTYPE html>
<html>
 <head>
      <meta charset="utf-8">
      <title>学院简介</title>
 </head>
 <body>
      <h2>学院简介</h2>
      <hr>
      <p>未来信息学院是省人民政府批准设立、教育部备案的公办省属普通高等学校，学校秉持"以服务发展
为宗旨，以促进就业为导向"的办学方针，遵循"以人为本、德技双馨、产教融合、服务社会"的办学理念，以"建
设有特色高水平高职院校"为目标，建立了开放创新强校模式，累积了优质的教育资源，形成了良好的育人环境。学
校的管理水平、教学质量、办学特色得到社会各界的广泛肯定。</p>
      <p>学校是教育部批准的"国家示范性软件职业技术学院"首批建设单位，部队士官人才培养定点院校，
"3+2"对口贯通分段培养本科招生试点院校，省示范性高职单独招生试点院校；是国家首批"电子信息产业高技能
人才培训基地""省级服务外包人才培训基地""省级劳务外派培训基地""省信息安全培训中心"；荣获"全国信息产
业系统先进集体""职业教育先进集体""德育工作优秀高校"等称号。</p>
      <hr>
      <p>版权所有&copy;未来信息学院</p>
      <p><a href="index.html">返回</a></p>
 </body>
</html>
```

浏览网页，效果如图 2-25 所示。

2.3.4　创建学院新闻页面

下面先对学院新闻页面的结构进行分析，然后在项目中创建页面文件，最后使用 HTML 相应标记添加页面的内容。

1. 页面分析

分析图 2-26 所示的学院新闻页面，该页面主要由标题和列表文字组成。标题文字使用<h2>标记；列表文字使用<ul>标记；"返回"超链接使用<a>标记返回到首页。

图 2-26　学院新闻页面

2. 创建学院新闻页面

右击项目名称 school，选择"新建"|"html 文件"选项，将文件命名为 news.html，并添加代码如下。

```
<!DOCTYPE html>
<html>
 <head>
     <meta charset="utf-8">
     <title>学院新闻</title>
 </head>
 <body>
     <h2>学院新闻</h2>
     <hr>
     <ui>
         <li><a href="#" target="_blank">学校联合发起成立软件行业产教联盟(2021-04-09)
</a></li>
         <li><a href="#" target="_blank">学校"四个推进"掀起党史学习教育热潮(2021-04-08)
</a></li>
         <li><a href="#" target="_blank">学校召开 2021 年度体育工作会议(2021-04-02 )
</a></li>
         <li><a href="#" target="_blank">我校举行"铭记历史 缅怀先烈"清明节祭扫先烈活动
(2021-04-01)</a></li>
         <li><a href="#" target="_blank">中国工业互联网研究院来我校交流访问(2021-03-30)
</a></li>
         <li><a href="#" target="_blank">学校召开党务干部业务培训会议(2021-03-30)
</a></li>
         <li><a href="#" target="_blank">我校举行示范课建设专题讲座(2021-03-30)
</a></li>
     </ul>
     <hr>
     <p>版权所有&copy; 未来信息学院</p>
     <p><a href="index.html">返回</a></p>
 </body>
</html>
```

浏览网页，效果如图 2-26 所示。

2.3.5　创建新闻详情页面

下面先对新闻详情页面的结构进行分析，然后在项目中创建该页面，最后使用 HTML 相应标记添加页面的内容。

1. 页面分析

分析图 2-27 所示的新闻详情页面，该页面主要由标题、段落和图像等组成。标题文字使用<h2>和<h4>标记；段落文字使用<p>标记；图像使用<img>标记；"返回"超链接使用<a>标记，用于返回到首页。

2. 创建新闻详情页面

右击项目名称 school，选择"新建"|"html 文件"

图 2-27　新闻详情页面

选项，将文件命名为 news1.html，并添加代码如下。

```
<!DOCTYPE html>
<html>
 <head>
    <meta charset="utf-8">
    <title>学校联合发起成立软件行业产教联盟</title>
 </head>
 <body>
    <h2>学校联合发起成立软件行业产教联盟</h2>
    <h4>撰稿人：软件与大数据系 时间：2021-04-09 20:33:17 浏览次数：181 次</h4>
    <hr>
    <p>4 月 9 日，软件行业产教联盟成立大会在省城举行。会议举行了成立仪式及省优秀软件企业和优秀软
件产品颁奖仪式，主题演讲活动于同日举办。</p>
    <p>软件行业产教联盟是在省工业和信息化厅指导下，由我校和浪潮集团、省软件协会联合发起成立，联
盟有企业会员 196 家、高校会员 55 所。我校任联盟副理事长单位。</p>
    <img src="images/lianmeng.jpg" alt="成立现场">
    <hr>
    <p>版权所有&copy;未来信息学院</p>
    <p><a href="news.html">返回</a></p>
 </body>
</html>
```

浏览网页，效果如图 2-26 所示。

至此，4 个页面创建完成。最后，打开 index.html 页面，修改该页面的代码，将"学院简介""学院新闻"文字的超链接修改成相应的页面文件，代码如下。

```
<p><a href="intr.html">学院简介</a><br>
<a href="news.html">学院新闻</a><br>
<a href="#">专业介绍</a><br>
<a href="#">招生就业</a></p>
```

再在学院新闻页面中将第一条新闻的超链接修改成新闻详情页面文件，代码如下。

```
<li><a href="news1.html" target="_blank">学校联合发起成立软件行业产教联盟(2021-04-09)
</a></li>
```

最后，预览各个网页，看是否能从首页链接到其他页面，从其他页面能否返回到首页。

另外，本项目中的专业介绍和招生就业页面由同学们在课后自己设计完成。

注意　本项目的实现代码并不是只有上述一种形式。采用其他的标记或属性实现同样的效果当然也是可以的，代码的编写其实很灵活，但越简洁越好。

任务小结

本任务围绕简单学院网站项目的制作，介绍了 HTML5 文档的基本结构，以及段落标记、字体样式标记、列表标记、超链接标记和图像标记等的使用方法，并综合利用这些标记完成了简单学院网站项目的制作。本任务介绍的主要知识点如表 2-2 所示。

表 2-2 任务 2 的主要知识点

标记类型	格式	作用
HTML5 结构标记	<!doctype html>	说明 HTML 文档类型
	<html>…</html>	HTML 文档的开始和结束
	<head>…</head>	HTML 文档的头部
	<title>…</title>	HTML 文档的标题
	<body>…</body>	HTML 文档的主体
注释标记	<!--注释-->	给代码添加注释
文本标记	<h1>…</h1>～<h6>…</h6>	一～六级标题
	<p>…</p>	段落
	<hr>	水平线，单标记
	 	换行，单标记
字体样式标记	…	粗体
	…	斜体
	<del>…</del>	删除线
	<ins>…</ins>	下画线
特殊字符	、©等	空格、版权符号等
列表标记	<ul>…</ul>	无序列表
	<ol>…</ol>	有序列表
	<dl>…</dl>	自定义列表
超链接标记	< a href="" target="" title="">…</a>	超链接
图像标记	<img src="" alt="" title="" width="" height="" >	图像，单标记

习题 2

一、单项选择题

1. 网页的主体内容写在哪个标记内部？（   ）
   A）<body>   B）<head>   C）<p>   D）<html>

2. 以下标记中，用于设置页面标题的是（   ）。
   A）<title>   B）<caption>   C）<head>   D）<html>

3. 用 HTML5 编写一个简单的网页时，网页最基本的结构是（   ）。
   A）<html> <head>...</head> <frame>...</frame> </html>
   B）<html> <title>...</title> <body>...</body> </html>
   C）<html> <title>...</title> <frame>...</frame> </html>
   D）<html> <head>...</head> <body>...</body> </html>

4. 可以不用发布就能在本地计算机上浏览的页面的编写语言是（   ）。
   A）ASP   B）HTML   C）PHP   D）JSP

5. 以下标记中，没有对应的结束标记的是（   ）。
   A）<body>   B）
          C）<html>   D）<title>

6. <title>和</title>标记必须包含在下述哪对标记中？（   ）
   A）<body>和</body>   B）<table>和</table>

C）<head>和</head>　　　　　　　　　　D）<p>和</p>

7. 请选择能产生粗体字的 HTML 标记。（　　　）

   A）<bold>　　　　　　B）<bb>　　　　　　C）<strong>　　　　　　D）<bld>

8. 在下列 HTML 标记中，哪个可以插入换行？（　　　）

   A）
　　　　　　B）<enter>　　　　　　C）<break>　　　　　　D）<b>

9. 在下列的 HTML 标记中，哪个是最大的标题？（　　　）

   A）<h6>　　　　　　B）<h5>　　　　　　C）<h2>　　　　　　D）<h1>

10. 用于标识一个段落的 HTML 标记是（　　　）。

   A）<b>和</b>　　　B）
和</br>　　　C）<p>和</p>　　　D）<li>和</li>

11. 在下列的 HTML 代码中，哪个可以插入图像？（　　　）

   A）<img href="image.gif" alt="">　　　　　B）<image src="image.gif" alt="">

   C）<img src="image.gif" alt="">　　　　　D）<img>image.gif</img>

12. 建立超链接时，要在新窗口显示网页，需要加入的标记属性是（　　　）。

   A）target="_blank"　　B）border="1"　　　C）name="target"　　D）#

13. 包含图像的网页文件，其扩展名应该是（　　　）。

   A）.jpg　　　　　　B）.gif　　　　　　C）.pic　　　　　　D）.html

14. 最常用的网页图像格式有（　　　）。

   A）GIF、TIFF　　B）TIFF、JPG　　　C）GIF、JPG　　D）TIFF、PNG

15. 在网页中，必须使用哪个标记来设置超链接？（　　　）

   A）<a>...</a>　　B）<p>...</p>　　C）<link>...</link>　　D）<li>...</li>

16. 下列路径中属于绝对路径的是（　　　）。

   A）address.htm　　　　　　　　　　B）staff/telephone.htm

   C）https://www.baidu*.com/　　　　　D）/Xuesheng/chengji/mingci.htm

二、判断题

1. 网页文件是用一种标记语言书写的，这种语言被称为 HTML（Hyper Text Markup Language，超文本标记语言），制作一个网站就等于制作一个网页。（　　　）

2. 网站的首页文件通常是"index.html""index.htm""Default.htm""Default.html"，它必须存放在网站的根目录中。（　　　）

3. HTML5 标记是不区分大小写的，但通常用小写。（　　　）

4. 如果文本需要换行，则可以使用换行标记
。（　　　）

5. <hr>标记可以在网页中生成一条水平线，它不需要结束标记。（　　　）

6. 标题标记<h1>～<h6>都有换行的功能。（　　　）

7. 关于网页中图片的大小，可以在 HTML5 代码中直接指定其宽、高，但最好在图像处理软件中事先处理好图像的大小。（　　　）

8. JPG 格式能提供良好的、损失极少的压缩，这种格式可以用于制作透明和多帧的动画。（　　　）

9. 书写图片路径时，尽量使用绝对路径，因为这样更稳定简洁。（　　　）

10. 在网页中需要插入图片的相对路径时，"../"用于指定上一级文件夹。（　　　）

11. 在超链接中，如果暂时没有确定链接目标，则通常将<a>标记的 href 属性值定义为"*"。（　　　）

12. 在 HTML5 中，通过点击锚点链接，用户能够快速定位到目标内容。（　　　）

13. 在图像常用格式中，GIF 格式只能处理 256 种颜色。（　　　）

14. 在标记的嵌套过程中，必须先结束最靠近内容的标记，再按照由内及外的顺序依次关闭标记。（　　）

15. PNG 格式是一种支持透明的图像格式。（　　）

16. 如果不给<img>标记设置宽和高，图片就会按照它的原始尺寸显示。（　　）

实训 2

一、实训目的

1. 练习常用 HTML5 标记的使用。

2. 学会使用 HTML5 标记创建简单的网站。

二、实训内容

1. 创建图文混排网页，显示图 2-28 所示的网页内容。网页中的标题文字为"网页设计中色彩的运用"。

微课 2-7：实训 2
参考步骤

图 2-28　第 1 题页面

2. 创建宋词赏析页面，在"宋词赏析"标题下面包含"水调歌头""蝶恋花""念奴娇"3 个锚点链接，单击每个锚点链接时页面定位到相应的内容处，如图 2-29 所示。

图 2-29　第 2 题页面

3. 创意设计：创建一个个人网站项目，对自己进行全面介绍，要求如下。

（1）包含一个主页和三个子页，主页和子页可以相互链接。

（2）在主页中创建友情链接，链接到自己喜欢的两个网站。

（3）至少有一个页面包含无序列表。

（4）至少有一个页面包含锚点链接。

（5）在每个页面中合理使用文字、图像等。

三、实训总结

写出常用的 HTML5 标记及其作用。

四、拓展学习

通过 HTML5 手册学习<meta>标记的详细使用方法。

扩展阅读

HTML5 标准方案的制订

2014 年 10 月，互联网权威技术组织 W3C 正式宣布，历时 8 年的 HTML5 标准制定全面完成，正式开始面向行业做出采用推荐。

W3C 由万维网之父蒂姆·伯纳斯·李在 1994 年创办，是制定网络标准的权威国际组织。当前互联网广泛使用的 HTML、XHTML、CSS、XML 等的标准均由 W3C 制定。目前，谷歌、雅虎、诺基亚、苹果、Facebook 等知名 IT、互联网公司都是 W3C 成员。

W3C 是全球互联网 Web 技术的权威技术标准组织，推动了互联网尤其是 HTML 技术的一代代演进。该组织表示，在过去多年时间里，其联合了全球 60 多家公司，共同完善 HTML5 标准，并解决了 4000 多个 Bug。

众所周知，HTML5 代表了新一代的网页应用开发技术，可以提供比"HTML"要强大得多的功能，而在标准并未成型的背景下，各家公司所实施的 HTML5 技术，以及不同浏览器的兼容状况，存在不统一的情况。

HTML5 权威标准板上钉钉，将有助于开发人员采用这一标准进行网页应用开发。

我国的阿里巴巴、腾讯、百度、数字天堂、奇虎 360、中国移动、中国联通、华为等公司都是 W3C 成员，在 HTML5 工作组里积极发挥作用。可喜的是，随着中国互联网技术的飞速发展，我国在 W3C 中的成员越来越多。我们目前已不只是接受国外的标准，而是参与国际标准的制订，这说明我们国家的科技实力越来越强。

目前，HTML5 是互联网行业非常重要的技术，与 HTML5 密切相关的 Web 前端开发工程师供不应求。希望同学们学好本门课程，以便在将来的工作中实现自己的人生价值。

任务3
美化简单学院网站

在任务 2 中使用 HTML 标记搭建了简单学院网站,可以看出,只使用 HTML 标记创建的网站并不美观,譬如标题和图像没有居中、文字颜色是默认的黑色等,也就是没有对网页中的元素进行美化。本任务对简单学院网站进行美化,包括设置文字的颜色和对齐方式等。通过本任务的实现,掌握 CSS3 的基本语法、引入样式的方式、选择器以及常用的文本样式属性的用法等。

学习目标:

※ 理解 CSS 的基本语法;

※ 掌握 CSS 引入网页的方式;

※ 掌握常用的 CSS 文本属性的用法;

※ 熟练使用 CSS 文本属性设置样式。

3.1 任务描述

对任务 2 中搭建的简单学院网站进行美化,页面浏览效果如图 3-1~图 3-4 所示。

要求如下。

(1)每个页面的标题在浏览器中居中显示,标题文字为红色或橙色。

(2)图片在浏览器中居中显示。

(3)正文文本首行缩进 2 个字符,行高为 25px。

(4)版权信息在浏览器中居中显示,"返回"超链接在浏览器中居右显示。

图 3-1　网站首页

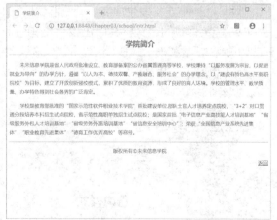

图 3-2　学院简介页面

图 3-3　学院新闻页面

图 3-4　新闻详情页面

3.2　知识准备

CSS 是目前流行的网页表现语言，所谓表现，就是赋予结构化文档内容显示的样式，包括版式、颜色和大小等。也就是说，页面中显示的内容放在结构里，修饰、美化放在表现里，做到结构与表现分离。这样当页面使用不同的表现时，可以显示不同的外观。目前 CSS 的最新版本是 CSS3。

CSS 功能强大，能实现比 HTML 更多的网页元素样式，几乎能定义所有的网页元素。现在几乎所有漂亮的网页都使用了 CSS，CSS 已经成为网页设计必不可少的工具之一。很多网页都使用 CSS 添加了各种酷炫的效果。

3.2.1　什么是 CSS

微课 3-1：美颜利器——CSS

CSS 即层叠样式表，它是由 W3C 的 CSS 工作组创建和维护的。它是一种不需要编译、可直接由浏览器执行的样式表语言，是用于格式化网页的标准格式，它扩展了 HTML 的功能，使网页设计者能够以更有效的方式设置网页格式。

样式就是格式，网页显示的文字的大小和颜色、图片位置、网页布局等，都是网页显示的样式。层叠是指当 HTML 文件引用多个 CSS 样式时，如果 CSS 的定义发生冲突，浏览器就按照 CSS 的样式优先级来应用样式。

CSS 能将样式的定义与 HTML 文件结构分离。对于由几百个网页组成的大型网站来说，要使所有的网页样式风格统一，可以定义一个 CSS 文件，几百个网页都调用这个文件。如果要修改网页的样式，只需修改 CSS 文件就可以了。CSS 已经从 CSS1 发展到现在的 CSS3，我们现在学习的就是 CSS3 版本。

3.2.2　引入 CSS 样式

微课 3-2：行内样式

要想使用 CSS 样式修饰网页，就需要在 HTML 文档中引入 CSS 样式。CSS 主要提供了以下 3 种引入方式。

1. 行内样式

行内样式也称为内联样式，是通过标记的 style 属性设置的元素样式。其基本语法格式如下。

```
<标记 style="属性:属性值; 属性:属性值; ...">内容</标记>
```

例 3-1　在 HBuilderX 中新建项目，项目名称为 chapter03，选择模板类型"基本 HTML 项目"，该项目包含 css、img 和 js 目录，分别用于存放样式表文件、图像文件和脚本文件。在项目内新建 HTML 文件，使用行内式定义元素样式，文件名为 example01.html，代码如下。

```html
<!DOCTYPE html>
<html>
 <head>
    <meta charset="utf-8">
    <title>行内样式</title>
 </head>
 <body>
    <h1 style="text-align:center; color:#F00;">未来信息学院</h1>
 </body>
</html>
```

在例 3-1 的代码中，使用<h1>标记的 style 属性设置标题文字的样式，使标题文字在浏览器中居中显示，文字颜色为红色。其中，"text-align"和"color"都是 CSS 常用的样式属性，在后面的内容中会详细介绍。

浏览网页，效果如图 3-5 所示。

图 3-5　行内样式

2. 内部样式表

内部样式表也叫内嵌式，是指将所有 CSS 样式代码写在 HTML 文档的<head>头部标记中，并用<style>标记定义。其语法格式如下。

```
...
<head>
<style type="text/css">
    选择器 1{属性:属性值; 属性:属性值; ...}        /* 注释内容 */
    选择器 2{属性:属性值; 属性:属性值; ...}
    ...
</style>
</head>
...
```

微课 3-3：内部
样式表

说明
（1）<style>标记一般位于<head>标记中的<title>标记之后。
（2）选择器用于指定 CSS 样式作用的 HTML 对象，有标记选择器、类选择器和 ID 选择器等。选择器的详细内容会在本任务后面介绍。
（3）/*和*/为 CSS 的注释符号，用于说明该行代码的作用。注释内容不会显示在网页上。

例 3-2　使用内部样式表设置网页内容的样式。在项目 chapter03 中新建一个网页文件，文件名为 example02.html，代码如下。

```html
<!DOCTYPE html>
<html>
 <head>
    <meta charset="utf-8">
    <title>内部样式表</title>
    <style type="text/css">
        h1 {
            text-align: center;        /*标题文字居中对齐*/
            color: #F00;               /*文字颜色为红色*/
        }
        p {
            font-size: 16px;           /*段落文字大小为16px*/
            color: #333;               /*段落文字颜色为深灰色*/
        }
    </style>
</head>
<body>
    <h1>学院简介</h1>
    <p>学院是山东省人民政府批准设立、教育部备案的省属公办全日制普通高校。学院秉持"以服务发展为宗旨、以促进就业为导向"的办学方针，遵循"以人为本、德技双馨、产教融合、服务社会"的办学理念，以"建设有特色高水平的高职院校"为目标，建立了开放创新强校模式，累积了优质的教育资源，形成了良好的育人环境。学院的管理水平、教学质量、办学特色得到社会各界的广泛肯定。</p>
    </body>
</html>
```

在例 3-2 的代码中使用内嵌式设置<h1>标记和<p>标记的样式。

浏览网页，效果如图 3-6 所示。

图 3-6　内部样式表

注意
内部样式表定义的样式只对其所在的 HTML 页面有效。因此，网站只有一个页面时，使用内部样式表；但如果有多个页面且多个页面使用相同风格的样式，则应使用外部样式表。

3. 外部样式表

外部样式表是指将所有的 CSS 样式放入一个以.css 为扩展名的外部样式表文件中，通常使用<link>标记将外部样式表文件链接到 HTML 文件中。其语法格式如下。

微课 3-4：外部
样式表

```
...
<head>
<link  href="外部样式表文件路径"  rel="stylesheet"  type="text/css">
</head>
...
```

说明　（1）<link>标记一般位于<head>标记中的<title>标记之后。
　　　　（2）<link>标记必须指定以下 3 个属性。
　　　　① href：定义所链接的外部样式表文件的 URL。
　　　　② rel：定义被链接的文件是样式表文件。
　　　　③ type：定义所链接文档的类型为 text/css，即 CSS 文档。

例 3-3　将例 3-2 实现的效果用外部样式表实现。在项目 chapter03 中新建一个网页文件，文件名为 example03.html，操作步骤如下。

（1）创建 HTML 文档。输入如下代码。

```
<!DOCTYPE html>
<html>
 <head>
     <meta charset="utf-8">
     <title>链接外部样式表</title>
 </head>
 <body>
     <h1>学院简介</h1>
     <p>学院是省人民政府批准设立、教育部备案的省属公办全日制普通高校。学院秉持"以服务发展为宗旨、以促进就业为导向"的办学方针，遵循"以人为本、德技双馨、产教融合、服务社会"的办学理念，以"建设有特色高水平的高职院校"为目标，建立了开放创新强校模式，累积了优质的教育资源，形成了良好的育人环境。学院的管理水平、教学质量、办学特色得到社会各界的广泛肯定。</p>
 </body>
</html>
```

（2）创建外部样式表文件。在项目 chapter03 中的 css 目录上右击，选择"新建"|"css 文件"选项，在"新建 css 文件"对话框中输入文件名称 style.css，单击"创建"按钮，如图 3-7 所示。

（3）在图 3-8 所示的 CSS 编辑文档窗口中输入 CSS 样式代码。该文件中的代码如下。

```
h1{
text-align:center;          /*标题文字居中对齐*/
color:#F00;                 /*文字颜色为红色*/
}
p{
font-size:16px;             /*段落文字大小为16px*/
color:#333;                 /*段落文字颜色为深灰色*/
}
```

图 3-7 "新建 css 文件"对话框

图 3-8 CSS 编辑文档窗口

（4）链接 CSS 外部样式表。在例 3-3 的 example03.html 的<title>标记后添加<link>，代码如下。

```
<link href="css/style.css" rel="stylesheet" type="text/css">
```

重新保存 example03.html 文档，浏览网页，效果如图 3-9 所示。可以看出，网页浏览效果和使用内部样式表的效果是一样的。

图 3-9 外部样式表

> **注意**　使用外部样式表的最大好处是同一个外部样式表可以被多个 HTML 页面链接使用。因此在实际制作网站时一般都使用该方式。该方式实现了结构与表现分离，使得网页的前期制作和后期维护都十分方便。

此外，外部样式表文件还可以使用@import 语句以导入式与 HTML 网页文件发生关联。但导入式会造成不好的用户体验，因此最好使用<link>标记链接外部样式表来美化网页。

3.2.3　CSS 常用选择器

微课 3-5：标记
选择器

书写 CSS 样式代码时要用到选择器。选择器用于指定 CSS 样式作用的 HTML 对象。下面介绍 CSS 的常用选择器。

1. 标记选择器

标记选择器是指用 HTML 标记名称作为选择器，为页面中的该类标记指定统一的 CSS 样式。其语法格式如下。

标记名称{属性:属性值; 属性:属性值; ...}

> **说明**　所有的 HTML 标记都可以作为标记选择器，如<body>、<h1>～<h6>、<p>、<ul>、<li>、<strong>等。标记选择器定义的样式能自动应用到网页中的相应元素上。

例如，使用 p 选择器定义 HTML 页面中所有段落的样式，代码如下。

```
p{
font-size:12px;                    /*设置文字大小*/
color:#666;                        /*设置文字颜色*/
```

```
    font-family:"微软雅黑";            /*设置字体*/
}
```

有一定基础的 Web 设计人员可以将上述代码改写成如下格式，其作用完全一样。

```
p{font-size:12px;color:#666;font-family:"微软雅黑";}
```

 注意　标记选择器最大的优点是能快速统一页面中同类型标记的样式，但这也是它的缺点，因为它不能设计差异化样式。

2. 类选择器

类选择器指定的样式可以被网页上的多个标记元素选用。类选择器以 "." 开始，其后接类名称。其语法格式如下。

```
.类名称{属性:属性值；属性:属性值；...}
```

微课 3-6：类选择器

说明　（1）使用类选择器定义的 CSS 样式，需要设置元素的 class 属性值为其指定样式来实现。
（2）类选择器的最大优势是可以为元素定义相同或单独的样式。

例 3-4　在项目 chapter03 中再新建一个网页文件，使用类选择器定义网页元素的样式，文件名为 example04.html，代码如下。

```html
<!DOCTYPE html>
<html>
 <head>
    <meta charset="utf-8">
    <title>类选择器</title>
    <style type="text/css">
        .text {
            font-size: 16px;
            color: #00F;
            font-family: "微软雅黑";  /* 设置字体 */
            font-weight: normal;/* 设置文本不加粗 */
        }
    </style>
</head>
<body>
    <h1>这是一级标题</h1>
    <h2 class="text">这是二级标题</h2>
    <p class="text">这是段落文本</p>
    <p>这是段落文本</p>
</body>
</html>
```

上述代码中定义了类选择器.text 的样式，并对网页内容中的 h2 和 p 标记应用了该样式，使 h2 和 p 标记中的文字大小为 16px，颜色为蓝色，字体是微软雅黑，文字正常显示。

浏览网页，效果如图 3-10 所示。

 注意　（1）多个标记可以使用同一个类名，为不同的标记指定相同的样式。
（2）类名的第一个字符不能使用数字，并且严格区分大小写，一般采用小写英文字母表示。

图 3-10 使用类选择器

微课 3-7：ID
选择器

3. ID 选择器

ID 选择器用于对某个元素定义单独的样式。ID 选择器以"#"开始。其语法格式如下。

```
#ID 名称{属性:属性值；属性:属性值;...}
```

说明 （1）ID 名称即 HTML 元素的 id 属性值，ID 名称在一个文档中是唯一的，只对应于页面中的某一个具体元素。
（2）ID 选择器定义的样式能自动应用到网页中该 ID 名称的元素上。

例 3-5 在项目 chapter03 中新建一个网页文件，使用 ID 选择器定义网页元素的样式，文件名为 example05.html，代码如下。

```html
<!DOCTYPE html>
<html>
 <head>
    <meta charset="utf-8">
    <title>ID选择器</title>
    <style type="text/css">
        #p1 {
            color: red;          /* 文字颜色 */
            font-size: 18px;     /* 文字大小 */
        }
        #p2 {
            color: green;
            font-size: 24px;
        }
    </style>
</head>
<body>
    <p id="p1">有梦想谁都了不起</div>
    <p id="p2">有勇气就会有奇迹</div>
</body>
</html>
```

例 3-5 在网页中定义了 id 为 p1 和 p2 的 p 元素，通过选择器#p1 和#p2 分别为其设置不同的样式。浏览网页，效果如图 3-11 所示。

图 3-11 使用 ID 选择器

4．交集选择器

微课 3-8：交集
选择器

交集选择器表示两个选择器的交集，它由两个选择器构成，第一个是标记选择器，第二个是类选择器，表示二者各自元素范围的交集。两个选择器之间不能有空格。其语法格式如下。

标记名称.类名称{属性:属性值；属性:属性值；...}

例 3-6 在项目 chapter03 中新建一个网页文件，使用交集选择器定义网页元素的样式，文件名为 example06.html，代码如下。

```html
<!DOCTYPE html>
<html>
<head>
    <meta charset="utf-8">
    <title>交集选择器</title>
    <style type="text/css">
        p {
            color: red;
        }
        .special {
            color: green;
        }
        p.special {                /*交集选择器*/
            font-size: 40px;
        }
    </style>
</head>
<body>
    <p>这是段落文本</p>
    <h2>这是二级标题</h2>
    <p class="special">这是段落文本</p>
    <h2 class="special">这是二级标题</h2>
</body>
</html>
```

> 文本显示为
> 绿色、40px

在例 3-6 中定义了 p 标记的样式，也定义了.special 类选择器样式，此外还单独定义了 p.special，用于特殊的控制。p.special 定义的样式仅适用于"<p class="special">这是段落文本</p>"这一行文本，而不会影响使用了.special 类选择器样式的 h2 标记定义的文本。

浏览网页，效果如图 3-12 所示。

图 3-12　使用交集选择器

> **注意**　交集选择器是为了简化样式表代码的编写而采用的选择器。初学者如果不能熟练应用此选择器，则完全可以创建一个类选择器来代替交集选择器。

微课 3-9：并集
选择器

5. 并集选择器

并集选择器由多个选择器通过逗号连接而成，任何形式的选择器（标记选择器、类选择器、ID 选择器等）都可以作为并集选择器的一部分。如果某些选择器定义的样式完全相同或部分相同，就可以利用并集选择器为它们定义相同的 CSS 样式。

并集选择器的语法格式如下。

选择器 1，选择器 2，……{属性：属性值； 属性：属性值；……}

例 3-7　在项目 chapter03 中新建一个网页文件，页面中有 2 个标题和 3 个段落，设置样式使它们的字号和颜色都相同，文件名为 example07.html，代码如下。

```
<!DOCTYPE html>
<html>
 <head>
     <meta charset="utf-8">
     <title>并集选择器</title>
     <style type="text/css">
         h1,h2,p {                      /*并集选择器*/
             font-size: 24px;
             color: blue;
         }
     </style>
 </head>
<body>
     <h1>这是一级标题</h1>
     <h2>这是二级标题</h2>
     <p>这是段落文本</p>
     <p>这是段落文本</p>
     <p>这是段落文本</p>
</body>
</html>
```

浏览网页，效果如图 3-13 所示。

由图 3-13 可以看出，使用并集选择器后，所有标题和段落文本的颜色和字号是相同的，只是标题文字自动加粗。

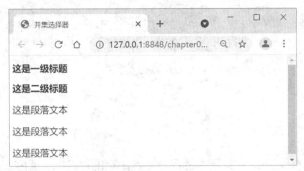

图 3-13　使用并集选择器

 注意　使用并集选择器定义样式与各个选择器分别定义样式的作用相同，但并集选择器的样式代码更简洁。

6. 后代选择器

后代选择器也叫包含选择器，用于控制容器对象中的子对象，使其他容器对象中的同名子对象不受影响。书写后代选择器时将容器对象写在前面，子对象写在后面，中间用空格分隔。若容器对象有多层，则分层依次书写。

后代选择器的语法格式如下。

微课 3-10：后代
选择器

选择器 1　选择器 2 {属性：属性值；　属性：属性值；……}

例 3-8　在项目 chapter03 中新建一个网页文件，使用后代选择器控制页面元素的样式，文件名为 example08.html，代码如下。

```html
<!DOCTYPE html>
<html>
 <head>
    <meta charset="utf-8">
    <title>后代选择器</title>
    <style type="text/css">
        p strong {                      /*后代选择器*/
            font-size: 24px;
            color: red;
        }
        strong {
            color: blue;
        }
    </style>
</head>
<body>
    <p>这是段落文本。段落文本中包含<strong>红色的文字</strong>。</p>
    <strong>这是其它文本</strong>
</body>
</html>
```

文本显示为
红色、24px

浏览网页，效果如图 3-14 所示。

由图 3-14 可以看出，后代选择器 p strong 定义的样式仅适用于嵌套在<p>标记中的<strong>标记定义的文本，其他<strong>标记定义的文本不受影响。

图 3-14　使用后代选择器

7. 通配符选择器

通配符选择器用"*"表示，它是所有选择器中作用范围最广的，能匹配页面中的所有元素。其语法格式如下。

```
*{属性:属性值; 属性:属性值;...}
```

例如，设置页面中所有元素的外边距和内边距属性的代码如下。

```
*{margin:0; padding:0;}
```

注意　在实际网页开发中不建议使用通配符选择器，因为它设置的样式对所有 HTML 标记都生效，而不管标记是否需要该样式，这样反而降低了代码的执行速度。

3.2.4　CSS 常用文本属性

在任务 2 中介绍了常用的 HTML 文本标记。为了更好地控制文本标记显示的样式，CSS 提供了相应的文本属性。

CSS 常用文本属性如表 3-1 所示。

表 3-1　CSS 常用文本属性

属性	说明
font-family	设置字体
font-size	设置字号
font-weight	设置字体的粗细
font-style	设置字体的风格
@font-face	用于定义服务器字体，是 CSS3 新增属性
text-decoration	设置文本是否添加下画线、删除线等
color	设置文本颜色
text-align	设置文本的水平对齐方式
text-indent	设置文本的首行缩进
line-height	设置行高
text-shadow	设置文本的阴影效果，是 CSS3 新增属性
text-overflow	设置元素内溢出文本的处理方式，是 CSS3 新增属性

下面详细介绍表 3-1 中的每个属性。

1. font-family

font-family 属性用于设置字体。网页中常用的字体有宋体、微软雅黑、黑体等，代码如下。

```
p{ font-family:"微软雅黑";}
```

可以同时指定多个字体，中间以逗号隔开，表示浏览器如果不支持第一个字体，则尝试下一个，直到找到合适的字体，代码如下。

```
body{font-family:"华文彩云","宋体","黑体";}
```

应用上面的字体样式时，首选华文彩云；如果用户计算机中没有安装该字体，则选择宋体；如果也没有安装宋体，则选择黑体。当指定的字体都没有安装时，使用浏览器默认字体。

注意　（1）各种字体之间必须使用英文状态下的逗号隔开。
　　（2）中文字体需要加英文状态下的引号，英文字体一般不需要加引号。当需要设置英文字体时，英文字体名必须位于中文字体名之前。
　　（3）如果字体名中包含空格、#、$等符号，则该字体必须加英文状态下的单引号或双引号，代码如下。

```
p{font-family: "Times New Roman";}
```
　　（4）尽量使用系统默认字体，以保证文本在任何用户的浏览器中都能正确显示。

2. font-size

font-size 属性用于设置字号，一般以 px 为单位，代码如下。

```
p{font-size:12px;}
```

注意　最适合显示网页正文的字号一般为 12px。对于标题或其他需要强调的文本可以适当设置较大的字号。页脚和辅助信息可以用小一些的字号。

3. font-weight

font-weight 属性用于定义字体的粗细。常用的属性值为 normal 和 bold，用来表示正常或加粗显示的字体，代码如下。

```
p{font-weight:bold;}      /*设置段落文本为粗体显示*/
h2{font-weight:normal;}   /*设置标题文本为正常显示*/
```

4. font-style

font-style 属性用于定义字体风格，如设置斜体、倾斜或正常字体，其可用属性值如下。
（1）normal：默认值，浏览器会显示标准的字体样式。
（2）italic：浏览器会显示斜体样式。
（3）oblique：浏览器会显示倾斜的字体样式。
代码如下。

```
p{font-style:italic;}     /*设置段落文本为斜体显示*/
h2{font-style:oblique;}   /*设置标题文本以倾斜的字体样式显示*/
```

注意　italic 和 oblique 都表示向右倾斜的文字，但区别在于 italic 是指斜体字，而 oblique 是倾斜的文字，对于没有斜体的字体应该使用 oblique 属性值来实现倾斜的文字效果。

5. @font-face

@font-face 属性是 CSS3 新增属性，用于定义服务器字体。通过该属性，开发者可以在网页中使用任何喜欢的字体，而不管用户计算机是否安装这些字体。
定义服务器字体的基本语法格式如下。

```
@font-face{
    font-family:字体名称;
```

微课 3-11：
@font-face

51

```
        src:字体文件路径;
}
```

> **说明**　font-family 用于指定服务器字体的名称，该名称由开发者自己定义；src 属性用于指定
> 该字体文件的存储路径。

例 3-9　在项目 chapter03 中新建一个网页文件，使用@font-face 属性定义服务器字体，并将该字体应用到网页中，文件名为 example09.html，代码如下。

```html
<!DOCTYPE html>
<html>
 <head>
    <meta charset="utf-8">
    <title>@font-face 属性</title>
    <style>
        @font-face {
            font-family: FZJZJW;            /* 由开发者定义的服务器字体名称 */
            src: url(font/FZJZJW.TTF);    /* 字体文件的来源 */
        }
        p {
            font-family: FZJZJW;            /* 设置字体为服务器字体 */
            font-size: 24px;
        }
    </style>
 </head>
<body>
    <p>如果你曾歌颂黎明，那么也请你拥抱黑暗。</p>
</body>
</html>
```

浏览网页，效果如图 3-15 所示。网页中的文字使用了方正剪纸字体。

从例 3-9 可以看出，使用服务器字体的步骤如下。

（1）下载字体，并存储到网站相应的文件夹中。

（2）使用@font-face 属性定义服务器字体。

（3）为网页中的元素应用 font-family 样式。

图 3-15　使用@font-face 定义字体

6. text-decoration

text-decoration 属性用于设置文本的下画线、上画线、删除线等装饰效果，其可用属性值如下。

（1）none：没有装饰（正常文本，默认值）。

（2）underline：下画线。

（3）overline：上画线。

（4）line-through：删除线。

代码如下。

```css
a{text-decoration:none;}                 /*设置超链接文字不显示下画线*/
a:hover{ text-decoration:underline;}  /*设置鼠标指针悬停在超链接文字上时显示下画线*/
```

7. color

color 属性用于定义文本的颜色，常用的表示颜色的方式有以下 4 种。

（1）预定义的颜色值表示，有 black、olive、teal、red、green、blue、maroon、navy、gray、lime、fuchsia、white、purple、silver、yellow、aqua 等。

（2）十六进制数表示。采用#RRGGBB 的形式，RR 表示红色的分量值，GG 表示绿色的分量值，BB 表示蓝色的分量值，每组分量值的取值范围为 00～FF，如#FF0000、#FF6600、#29D794 等。十六进制数是最常用的定义颜色的方式。如果每组十六进制数的两位数相同，则可以每组用一位数表示。例如，#FF0000 可以表示为#F00。

（3）rgb()函数表示。例如，红色可以表示为 rgb(255,0,0)或 rgb(100%,0%,0%)。

例如，下面的 3 行代码都设置标题颜色为红色。

```
h1{color:#f00;}
h2{color:red;}
h3{color:rgb(255,0,0);}
```

（4）rgba()函数表示。rgba()函数在 rgb()函数的基础上增加了控制透明度的参数。透明度的取值为 0～1。例如，h3{color:rgba(255,0,0,0.5);}表示 h3 标题文字采用半透明的红色。

8. text-align

text-align 属性用于设置文本内容的水平对齐方式。其可用属性值如下。

（1）left：左对齐（默认值）。

（2）right：右对齐。

（3）center：居中对齐。

（4）justify：两端对齐。

代码如下。

```
h1{text-align:center;}        /*设置标题文字居中对齐*/
```

9. text-indent

text-indent 属性用于设置首行文本的缩进，其属性值可为不同单位的数值，一般建议使用 em（1em 等于一个中文字符的宽度）作为单位，代码如下。

```
p{text-indent:2em;}        /*设置段落首行缩进 2 个中文字符*/
```

10. line-height

段落中两行文字之间的垂直距离称为行高。在 HTML 中是无法控制行高的，但在 CSS 样式中，可以使用 line-height 属性控制行高，其属性值一般以 px 为单位，代码如下。

微课 3-12：
text-shadow

```
p{ line-height:25px;}        /*设置行高为 25px*/
```

11. text-shadow

该属性用于设置文本的阴影效果，其常用语法格式如下。

```
选择器{text-shadow:水平阴影距离 垂直阴影距离 模糊半径 阴影颜色;}
```

> **说明**　阴影距离可以是正值，也可以是负值，正负值表示阴影的方向不同。

例 3-10　在项目 chapter03 中再新建一个网页文件，给文字设置阴影效果，文件名为 example10.html，代码如下。

```
<!DOCTYPE html>
<html>
```

```html
<head>
    <meta charset="utf-8">
    <title>text-shadow 属性</title>
    <style type="text/css">
        p {
            font-family: "微软雅黑";
            font-size: 24px;
        }
        .yy1 {
            text-shadow: 3px 3px 3px #666; /*给文字添加阴影，阴影在文字的右下方*/
        }
        .yy2 {
            text-shadow: -3px -3px 3px #666;/*给文字添加阴影，阴影在文字的左上方*/
        }
    </style>
</head>
<body>
    <p class="yy1">昨夜星辰昨夜风，画楼西畔桂堂东。</p>
    <p class="yy2">身无彩凤双飞翼，心有灵犀一点通。</p>
</body>
</html>
```

浏览网页，效果如图 3-16 所示。

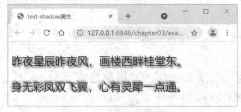

图 3-16　设置文字阴影效果

12. text-overflow

该属性用于设置元素内文本溢出时如何处理。其基本语法格式如下。

微课 3-13：text-
overflow

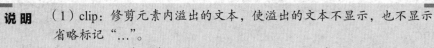

选择器{**text-overflow:clip|ellipsis;**}

> **说明**
> （1）clip：修剪元素内溢出的文本，使溢出的文本不显示，也不显示省略标记"…"。
> （2）ellipsis：在元素文本末尾用省略标记"…"表示被修剪的文本。

例 3-11　在项目 chapter03 中再新建一个网页文件，使用属性 text-overflow 设置溢出的文本，文件名为 example11.html，代码如下。

```html
<!DOCTYPE html>
<html>
 <head>
    <meta charset="utf-8">
    <title>text-overflow 属性</title>
    <style type="text/css">
        p {
            width: 400px;                    /*设置元素的宽度*/
```

```
                height: 100px;              /*设置元素的高度*/
                border: 1px solid #000;     /*设置元素的边框*/
                white-space: nowrap;        /*设置元素内文本不能换行*/
                overflow: hidden;           /*将溢出内容隐藏*/
                text-overflow: ellipsis;    /*用省略标记表示溢出文本*/
            }
        </style>
    </head>

    <body>
        <p>我如果爱你——绝不像攀援的凌霄花，借你的高枝炫耀自己；我如果爱你——绝不学痴情的鸟儿，为
绿荫重复单调的歌曲 </p>
    </body>
</html>
```

浏览网页，效果如图 3-17 所示。

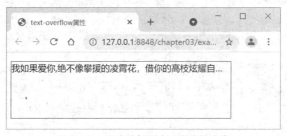

图 3-17　用省略标记表示溢出的文本

从例 3-11 可以看出，使用 text-overflow 属性设置省略标记表示溢出文本的步骤如下。

（1）为包含文本的元素定义宽度。

（2）设置元素的 white-space 属性值为 nowrap，强制文本不能换行。

（3）设置元素的 overflow 属性值为 hidden，使溢出文本隐藏。

（4）设置 text-overflow 属性值为 ellipsis，显示省略标记。

3.2.5　CSS 的高级特性

CSS 的层叠性和继承性是其基本特性。Web 前端开发工程师应该深刻理解和
灵活运用这两种特性。另外，当对元素定义了多个样式规则时，其样式应用的优
先级也遵循一定的规则，下面分别进行介绍。

微课 3-14：CSS
的高级特性

1. 层叠性

层叠性是指多种 CSS 样式的叠加。例如，当使用内部样式表定义<p>标记的
字号为 12px，使用外部样式表定义<p>标记的文字颜色为红色时，段落文本将显
示为 12px、红色，即这两种样式产生了叠加。

例 3-12　在项目 chapter03 中再新建一个网页文件，在页面中添加 3 行文字并设置样式，文件
名为 example12.html，代码如下。

```
<!DOCTYPE html>
<html>
 <head>
    <meta charset="utf-8">
```

```
        <title>CSS 层叠性</title>
        <style type="text/css">
            p {
                font-size: 12px;
                font-family: "微软雅黑";
            }
            .special {
                font-size: 24px;
            }
            #one {
                color: red;
            }
        </style>
    </head>
    <body>
        <p class="special" id="one">知识改变命运</p>
        <p>知识改变命运</p>
        <p>知识改变命运</p>
    </body>
</html>
```

文本显示为微软雅黑、24px、红色

浏览网页，效果如图 3-18 所示。

从图 3-14 可以看出，第一行文本同时应用了<p>标记的样式、类选择器.special 定义的样式和 ID 选择器#one 定义的样式，显示为微软雅黑、24px 和红色，即 3 个选择器定义的样式进行了叠加。

图 3-18　CSS 层叠性

> **注意**　这里第一行文本的字号是 24px，这是因为类选择器的优先级高于标记选择器。

2. 继承性

继承性是指书写 CSS 样式时，子标记会继承父标记的某些样式，如文本颜色和字号等。例如，定义页面主体标记 body 的文本颜色为黑色，那么页面中所有的文本都将显示为黑色，这是因为其他标记都是 body 标记的子标记。

恰当使用继承可以简化代码，降低 CSS 样式的复杂性。但是，如果网页中的所有元素都大量继承样式，判断样式的来源就会很困难，所以对于字体、文本属性等网页中通用的样式可以使用继承。例如，字体、字号和颜色等可以在 body 元素中统一设置，然后通过继承影响文档中的所有文本。

并不是所有的 CSS 属性都可以继承，譬如边框属性、外边距属性、内边距属性、背景属性、定位属性、布局属性、元素宽高属性等都不能继承。

 注意 当为 body 元素设置字号属性时，标题文本不会采用这个样式，因为标题标记<h1>~<h6>有默认的字号。

3. CSS 优先级

定义 CSS 样式时，经常出现两个或更多规则应用在同一元素上的情形，这时可能会出现优先级问题。通常，对同一个元素应用选择器样式的优先级是 **ID 选择器>类选择器>标记选择器**。下面举例说明。

例 3-13 在项目 chapter03 中再新建一个网页文件，在页面中添加一行文字并设置样式，文件名为 example13.html，代码如下。

```
<!DOCTYPE html>
<html>
 <head>
    <meta charset="utf-8">
    <title>CSS 优先级</title>
    <style type="text/css">
        p {
            color: green;
        }
        .blue {
            color: blue;
        }
        #p1 {
            color: red;
        }
    </style>
 </head>
 <body>
    <p id="p1" class="blue">我显示什么颜色呢? </p>
 </body>
</html>
```

文本显示为红色

浏览网页，效果如图 3-19 所示。

图 3-19　CSS 优先级

可以看到，文字显示 ID 选择器#p1 定义的样式，即显示为红色。

另外，若对同一个元素在行内样式、内部样式表、外部样式表中都定义了相同的样式，则此时的优先级为**行内样式>内部样式表>外部样式表**，也就是越接近目标元素的样式，优先级越高，即就近原则，同学们可自行练习。

微课 3-15：任务
实现

3.3 任务实现

本节在前面学习 CSS 内容的基础上，综合使用 CSS 样式属性对简单学院网站进行修饰美化。

将任务 2 创建的简单学院网站项目 school 复制一份，放入 chapter03 目录中，在 HBuilderX 中打开 school 目录，依次给每个页面添加 CSS 样式。

3.3.1 美化网站首页

下面为首页中的元素定义 CSS 样式，包括定义页面文字使用的字体、字号及颜色，定义元素的对齐方式等。

1. 样式分析

分析图 3-20 所示的网站首页，可以为 body 元素统一设置字体、颜色等样式，标题、段落文字的对齐方式等分别设置。

图 3-20 网站首页

2. 定义 CSS 样式

在 <head> 标记中添加内部样式表，定义网页中各元素的样式，网页完整代码如下。

```
<!DOCTYPE html>
<html>
 <head>
    <meta charset="utf-8">
    <title>未来信息学院</title>
    <style type="text/css">
        body {
            font-family: "微软雅黑";       /*设置字体*/
            font-size: 14px;              /*设置网页中除标题外的文字大小*/
            color: #333;                  /*设置网页中文字的颜色*/
        }
        h2 {                              /*设置标题的文字颜色和对齐方式*/
```

```
                  color: #F00;
                  text-align: center;
            }
            p {                                    /*创建段落的样式*/
                  text-align: center;
            }
      </style>
</head>
<body>
      <h2>欢迎来到未来信息学院</h2>
      <hr>
      <p><a href="intr.html">学院简介</a><br>
            <a href="news.html">学院新闻</a><br>
            <a href="spe.html">专业介绍</a><br>
            <a href="rec.html">招生就业</a>
      </p>
      <p><img src="images/school1.jpg" width="400" alt="学院鸟瞰图" title="学院鸟瞰图">
</p>
      <p>友情链接: <a href="https://www.baidu*.com" target="_blank">百度</a>  
<a href="https://www.sdcit*.edu.cn" target="_blank">学院官网</a><br>
      <hr>
      <p>版权所有&copy;未来信息学院</p>
</body>
</html>
```

浏览网页, 效果如图 3-20 所示。

3.3.2　美化学院简介页面

下面为学院简介页面中的元素定义 CSS 样式, 包括定义页面文字使用的字体、字号及颜色, 定义元素的对齐方式等。

1. 样式分析

分析图 3-21 所示的学院简介页面, 可以为 body 元素统一设置字体、颜色等样式, 标题、段落和版权信息的样式分别设置。

图 3-21　学院简介页面

2. 定义 CSS 样式

在\<head>标记中添加内部样式表，定义网页中各元素的样式，网页完整代码如下。

```html
<!DOCTYPE html>
<html>
 <head>
     <meta charset="utf-8">
     <title>学院简介</title>
     <style type="text/css">
         body {
             font-family: "微软雅黑";          /*设置字体*/
             font-size: 14px;                /*设置网页中除标题外的文字大小*/
             color: #333;                    /*设置网页中文字的颜色*/
         }
         h2 {                                /*设置标题样式*/
             color: #F00;
             text-align: center;
         }
         .text1 {                            /*设置正文样式*/
             text-indent: 2em;
             line-height: 25px;
         }
         .text2 {                            /*设置版权信息样式*/
             text-align: center;
         }
         .text3 {                            /*设置超链接样式*/
             text-align: right;
         }
     </style>
 </head>
<body>
     <h2>学院简介</h2>
     <hr>
     <p class="text1">未来信息学院是省人民政府批准设立、教育部备案的公办省属普通高等学校，学
校秉持"以服务发展为宗旨，以促进就业为导向"的办学方针，遵循"以人为本、德技双馨、产教融合、服务社会"
的办学理念，以"建设有特色高水平高职院校"为目标，建立了开放创新强校模式，累积了优质的教育资源，形成了
良好的育人环境。学校的管理水平、教学质量、办学特色得到社会各界的广泛肯定。</p>
     <p class="text1">学校是教育部批准的"国家示范性软件职业技术学院"首批建设单位，部队士官人
才培养定点院校，"3+2"对口贯通分段培养本科招生试点院校，示范性高职单独招生试点院校；是国家首批"电子
信息产业高技能人才培训基地""省级服务外包人才培训基地""省级劳务外派培训基地""省信息安全培训中心"；荣
获"全国信息产业系统先进集体""职业教育先进集体""德育工作优秀高校"等称号。</p>
     <hr>
     <p class="text2">版权所有&copy;未来信息学院</p>
     <p class="text3"><a href="index.html">返回</a></p>
 </body>
</html>
```

浏览网页，效果如图 3-21 所示。

3.3.3 美化学院新闻页面

下面为学院新闻页面中的元素定义 CSS 样式，包括定义页面文字使用的字体、字号及颜色，定义无序列表元素的样式等。

1. 样式分析

分析图 3-22 所示的学院新闻页面，可以为 body 元素统一设置字体、颜色等样式，标题、列表项和版权信息的样式分别设置。

图 3-22 学院新闻页面

2. 定义 CSS 样式

在<head>标记中添加内部样式表，定义网页中各元素的样式，网页完整代码如下。

```
<!DOCTYPE html>
<html>
 <head>
    <meta charset="utf-8">
    <title>学院新闻</title>
    <style type="text/css">
        body {
            font-family: "微软雅黑";
            font-size: 14px;
            color: #333;
        }
        h2 {                              /*设置标题样式*/
            color: #F00;
            text-align: center;
        }
        li {                              /*设置列表项的样式*/
            line-height: 25px;            /* 行高 */
        }
        .text1 {                          /*设置版权信息样式*/
            text-align: center;
        }
        .text2 {                          /*设置超链接样式*/
            text-align: right;
```

```
            }
        </style>
    </head>
    <body>
        <h2>学院新闻</h2>
        <hr>
        <ul>
            <li><a href="news1.html" target="_blank">学校联合发起成立软件行业产教联盟
(2021-04-09)</a></li>
            <li><a href="#" target="_blank">学校"四个推进"掀起党史学习教育热潮(2021-04-08)
</a></li>
            <li><a href="#" target="_blank">学校召开 2021 年度体育工作会议(2021-04-02 )
</a></li>
            <li><a href="#" target="_blank">我校举行"铭记历史 缅怀先烈"清明节祭扫先烈活动
(2021-04-01)</a></li>
            <li><a href="#" target="_blank">中国工业互联网研究院来我校交流访问(2021-03-30)
</a></li>
            <li><a href="#" target="_blank">学校召开党务干部业务培训会议(2021-03-30)</a></li>
            <li><a href="#" target="_blank">我校举行示范课建设专题讲座(2021-03-30)
</a></li>
        </ul>
        <hr>
        <p class="text1">版权所有&copy;未来信息学院</p>
        <p class="text2"><a href="index.html">返回</a></p>
    </body>
</html>
```

浏览网页，效果如图 3-22 所示。

3.3.4　美化新闻详情页面

下面为新闻详情页面中的元素定义 CSS 样式，包括定义页面文字使用的字体、字号及颜色，定义段落文字的样式，定义图像元素的对齐方式等。

1. 样式分析

分析图 3-23 所示的新闻详情页面，可以为 body 元素统一设置字体、颜色等样式，标题、副标题、正文和版权信息的样式分别设置。

图 3-23　新闻详情页面

2. 定义 CSS 样式

在<head>标记中添加内部样式表，定义网页中各元素的样式，网页完整代码如下。

```html
<!DOCTYPE html>
<html>
 <head>
      <meta charset="utf-8">
      <title>学校联合发起成立软件行业产教联盟</title>
      <style type="text/css">
          body {
              font-family: "微软雅黑";
              font-size: 14px;
              color: #000;
          }
          h2 {                              /*设置标题样式*/
              color: #FF7200;
              text-align: center;
          }
          h4 {                              /*设置副标题样式*/
              font-size: 12px;
              color: #666;
              font-weight: normal;          /*设置文字为非粗体*/
              text-align: center;
          }
          .text1 {                          /*设置正文样式*/
              color: #666;
              text-indent: 2em;             /*设置首行缩进 2 个字符*/
              line-height: 25px;            /*设置行高*/
          }
          .text2 {                          /*设置图片和版权信息段落的样式*/
              text-align: center;
          }
          .text3 {                          /*设置返回超链接样式*/
              text-align: right;
          }
      </style>
 </head>
 <body>
      <h2>学校联合发起成立软件行业产教联盟</h2>
      <h4>撰稿人：软件与大数据系 时间：2021-04-09 20:33:17 浏览次数：181 次</h4>
      <hr>
      <p class="text1">4 月 9 日，软件行业产教联盟成立大会在济南举行。会议举行了成立仪式及省优秀
软件企业和优秀软件产品颁奖仪式，主题演讲活动于同日举办。</p>
      <p class="text1">软件行业产教联盟是在山东省工业和信息化厅指导下，由我校和大学软件学院、
浪潮集团、省软件协会联合发起成立，联盟有企业会员 196 家、高校会员 55 所。我校任联盟副理事长单位。</p>
      <p class="text2"><img src="images/lianmeng.jpg" width="400" alt="成立现场"></p>
      <hr>
      <p class="text2">版权所有&copy;未来信息学院</p>
      <p class="text3"><a href="index.html">返回</a></p>
 </body>
```

```
</html>
```

浏览网页，效果如图 3-23 所示。

注意　（1）在上述一系列代码中，body、h2 和 p 等标记的样式会自动应用到网页中；.text1、.text2 等类选择器的样式需要在元素中使用 class 属性来应用。

（2）页面中有图像时，为了使图像在网页中居中显示，一般将其放入段落中，使段落居中显示。

（3）上述代码中对页面的美化，也可以使用外部样式表实现，请同学们自行尝试。这里使用内部样式表是为了让同学们熟练掌握样式表代码的编写。

任务小结

本任务围绕简单学院网站页面的美化，介绍了 CSS 在网页中的引入方式、CSS 选择器的类型、CSS 常用的属性，以及 CSS 的层叠性、继承性及优先级等内容。通过本任务的学习，读者可以掌握 CSS 在网页开发中的使用方法，学会灵活使用 CSS 常用的属性。本任务介绍的主要知识点如表 3-2 所示。

表 3-2　任务 3 的主要知识点

知识点	包含内容	说明
CSS 样式引入方法	行内样式	通过标记的 style 属性直接定义元素样式
	内部样式表	在<head>标记中定义 CSS 样式
	外部样式表	通过<link>链接外部样式表文件
CSS 常用选择器	标记选择器	用 HTML 标记作为选择器
	类选择器	用点（.）定义类选择器，可被多个元素选用
	ID 选择器	用#为某元素单独定义样式
	交集选择器	由两个选择器构成，第一个是标记选择器，第二个是类选择器
	并集选择器	用逗号（,）连接多个选择器
	后代选择器	用来选择元素的后代
	通配符选择器	用*表示，匹配页面中的所有元素
CSS 常用文本属性	font-family	设置字体
	font-size	设置字号
	font-weight	设置字体的粗细
	font-style	设置字体的风格
	@font-face	用于定义服务器字体，是 CSS3 新增属性
	text-decoration	设置文本是否添加下画线、删除线等
	color	设置文本颜色
	text-align	设置文本的水平对齐方式
	text-indent	设置段落的首行缩进
	line-height	设置行高
	text-shadow	设置文字的阴影效果，是 CSS3 新增属性
	text-overflow	设置元素内溢出文本的处理，是 CSS3 新增属性

习题 3

一、单项选择题

1. 如何为所有的 <h1> 元素添加背景颜色？（　　　）
   A）h1.all {background-color:#FFFFFF}　　　　B）h1 {background-color:#FFFFFF}
   C）all.h1 {background-color:#FFFFFF}　　　　D）h1.{background-color:#FFFFFF}

2. 外部样式表的最大优势在于（　　　）。
   A）CSS 代码与 HTML 代码完全分离　　　　B）CSS 代码写在<head>与</head>之间
   C）直接对 HTML 的标签使用 style 属性　　　D）采用 import 方式导入样式表

3. 下面不属于 CSS 样式的引入方式的是（　　　）。
   A）索引式　　　　　B）行内样式　　　　C）内部样式表　　　D）外部样式表

4. 在 HTML 文档中，引用外部样式表的正确位置是（　　　）。
   A）文档的末尾　　　B）文档的顶部　　　C）<body> 部分　　　D）<head> 部分

5. 下列哪个选项的 CSS 语法是正确的？（　　　）
   A）body:color=black　　　　　　　　　　B）{body:color=black(body)
   C）body {color: black}　　　　　　　　　D）{body;color:black}

6. 下列哪个 CSS 属性可控制字号？（　　　）
   A）font-size　　　　B）text-style　　　　C）font-style　　　　D）text-size

7. 在以下的 CSS 代码中，可使所有<p>元素变为粗体的正确语法是（　　　）。
   A）<p style="font-size:bold">　　　　　B）<p style="text-size:bold">
   C）p {font-weight:bold}　　　　　　　　D）p {text-size:bold}

8. 以下哪个选项可以改变元素的字体？（　　　）
   A）font=　　　　　　B）f:　　　　　　C）font-family:　　　D）font

9. 以下哪个选项可以使文本变为粗体？（　　　）
   A）font:b　　　　B）font-weight:bold　　　C）style:bold　　　D）b

10. 下面说法错误的是（　　　）。
    A）CSS 样式可以将格式和结构分离
    B）CSS 样式可以控制页面的布局
    C）CSS 样式可以使许多网页同时更新
    D）CSS 样式不能制作文件更小、下载更快的网页

11. 在以下的 HTML 中，哪个是正确引用外部样式表的方法？（　　　）
    A）<style src="mystyle.css">
    B）<link rel="stylesheet" type="text/css" href="mystyle.css">
    C）<stylesheet>mystyle.css</stylesheet>
    D）Colorful Style Sheets

12. 不属于 CSS 选择器的是（　　　）。
    A）对象选择器　　　　　　　　　　　B）超文本标记选择器
    C）ID 选择器　　　　　　　　　　　　D）类选择器

13. CSS 的中文译名为（　　　）。
    A）样式表　　　B）样式表标签语言　　　C）瀑布样式表　　　D）层叠样式表

14. 要在网页中插入样式表 main.css，以下用法中，正确的是（　　　）。

　A）<link href="main.css" type="text/css" rel="stylesheet">

　B）<link src="main.css" type="text/css" rel="stylesheet">

　C）<link href="main.css" type="text/css">

　D）<Include href="main.css" type="text/css" rel="stylesheet">

15. 下列选项中，属于并集选择器书写方式的是（　　　）。

　A）h1 p{}　　　　　　　B）h1_p{}　　　　　　　C）h1,p{}　　　　　　　D）h1-p{}

16. 页面上的<div>标记，其 HTML 代码为<div id="box" class="red">文字</div>，为其设置 CSS 样式如下：#box{ color:blue; } .red{ color:red; } 。那么，文字的颜色将显示为（　　　）。

　A）红色　　　　　　　B）蓝色　　　　　　　C）黑色　　　　　　　D）白色

17. 设置文字的大小为 14px，文字加粗，行高为 28px，字体是微软雅黑，斜体，以下书写正确的是（　　　）。

　A）font:14px "微软雅黑" 28px 600 italic

　B）font:"微软雅黑" 14px/28px 600 italic

　C）font:14px/28px 600 "微软雅黑" italic

　D）font:600 italic 14px/28px "微软雅黑"

二、判断题

1. 在编写 CSS 代码时，为了提高代码的可读性，通常需要加 CSS 注释语句。（　　　）

2. 内部样式表是指将 CSS 代码集中写在 HTML 文档的<head>头部标记中，并且用<style>标记定义。（　　　）

3. 内部样式表的样式对网站中的所有 HTML 页面都有效。（　　　）

4. 外部样式表是使用频率最高，也是最实用的样式表之一，它将 HTML 代码与 CSS 代码分离为两个或多个文件，实现了结构和表现的完全分离。（　　　）

5. 通配符选择器用"*"号表示，能匹配页面中的所有元素。（　　　）

6. 在<head>中使用<link>标记可引用外部样式表文件，一个页面只允许使用一个<link>标记引入外部样式表文件。（　　　）

7. RGBA 是 CSS3 新增的颜色模式，它是 RGB 颜色模式的延伸，该模式在红、绿、蓝三原色的基础上添加了不透明度参数。（　　　）

8. ID 选择器使用"#"进行标识，后面紧跟 ID 名称。（　　　）

9. 通配符选择器设置的样式对所有的 HTML 标记都生效，不管标记是否需要该样式，这样反而降低了代码的执行速度。（　　　）

实训 3

微课 3-16：
实训 3 参考步骤

一、实训目的

1. 练习 CSS 样式的定义和使用方法。

2. 掌握 CSS 常用属性的使用。

二、实训内容

1. 创建"长津湖"电影介绍页面，如图 3-24 所示。使用标题、段落、图像等标记搭建页面结构，使用 CSS 定义页面元素样式。

图 3-24　第 1 题页面

2. 给实训 2 中创建的个人网站定义 CSS 样式，对网站各个页面进行修饰美化。

三、实训总结

写出在网页中引入 CSS 样式的 3 种方式。

四、拓展学习

通过 CSS3 手册学习 CSS 其他选择器的使用。

扩展阅读

CSS 发展历史

随着 HTML 的发展，CSS 的各种版本应运而生。CSS 主要有以下 3 个版本。

（1）CSS1

1996 年 12 月，W3C 发布了第一个有关样式的标准 CSS1。这个版本已经包含 font 的相关属性、颜色与背景的相关属性、文字的相关属性等。

（2）CSS2

1998 年 5 月，CSS2 正式推出，这个版本开始使用样式表结构，该版本曾是流行最广并且主流浏览器都采用的标准。

（3）CSS3

2001 年，W3C 着手开发 CSS3。它被分为若干个相互独立的模块。它不仅是对已有功能的扩展和延伸，还是对 Web 用户界面设计理念的革新。CSS3 配合 HTML5 标准引起了 Web 应用的变革。各主流浏览器已经支持其绝大部分特性。

Web 开发者可以借助 CSS3 设计圆角、多背景、用户自定义字体、3D 动画、渐变、盒阴影、文字阴影、透明度等来提高 Web 设计的质量。Web 开发者将不必依赖于通过图片或 JavaScript 完成这些设计，可极大提高网页的开发效率。

Web 前端技术日新月异，我们要紧跟科技前沿，努力学习，日日精进，做新时代的"弄潮儿"。

任务4
制作学院介绍页面

前面的任务中制作的页面内容都是在浏览器中直接呈现的，实际上网页中的内容是由一个个的块组成的，这些块也叫盒子。本任务制作一个学院介绍页面，将介绍的内容放入一个盒子中，并设置盒子的各种属性。通过本任务的实现，掌握盒子模型的概念及其各种属性设置。

学习目标：

※ 理解盒子模型的概念；

※ 掌握盒子模型的相关属性。

4.1 任务描述

制作学院介绍页面，将学院介绍的内容放入定义的盒子中，并设置盒子模型的相关属性。浏览效果如图 4-1 所示，要求如下。

（1）网页正文文本采用微软雅黑字体，文字大小为 14px，文字颜色为深灰色（#666），页面背景为平铺的祥云图案（bodybg.jpg）。

（2）盒子实际的宽度为 900px，高度自动适应文字内容，内边距为 20px，边框为 1px 的灰色（#ccc）实线，盒子的背景颜色为白色，盒子在浏览器中水平居中显示。

（3）正文标题采用二级标题，标题行高为 40px，文字颜色为黑色，在浏览器中居中显示。

（4）段落文字行高为 25px，首行缩进 2 个字符，段落的下外边距为 20px。

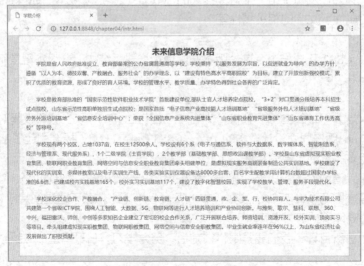

图 4-1 学院介绍页面

4.2 知识准备

盒子模型是 CSS 网页布局的一个关键概念。只有掌握了盒子模型的各种规律和特征，才能更好地实现网页中各个元素呈现的效果。

4.2.1 盒子模型的概念

盒子模型就是把 HTML 页面中的元素看作矩形的盒子，也就是盛装内容的容器。每个盒子都由元素的内容、内边距、边框和外边距组成。

下面通过一个具体案例认识到底什么是盒子模型。

例 4-1 在 HBuilderX 中新建空项目，项目名称为 chapter04，在项目内新建 HTML 文件，定义一个盒子，并设置盒子的相关属性，文件名为 example01.html，代码如下。

微课 4-1：收纳
神器——盒子模型

```html
<!DOCTYPE html>
<html>
 <head>
    <meta charset="utf-8">
    <title>认识盒子模型</title>
    <style type="text/css">
        .box {
            width: 200px;              /*盒子的宽度*/
            height: 200px;             /*盒子的高度*/
            border: 5px  solid  red;   /*盒子的边框为5px的红色实线*/
            background: #ccc;          /*盒子的背景颜色为灰色*/
            padding: 20px;             /*盒子的内边距*/
            margin: 30px;              /*盒子的外边距*/
        }
    </style>
 </head>
 <body>
    <div class="box">盒子中的内容</div>
 </body>
</html>
```

浏览网页，效果如图 4-2 所示。

在例 4-1 中，在<body>标记中使用<div>标记定义了一个盒子 box，并对盒子 box 设置了若干属性。盒子的构成如图 4-3 所示。

图 4-2　盒子浏览效果

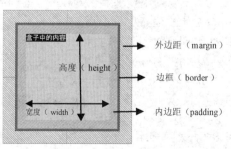

图 4-3　盒子的构成

说 明 （1）div 是英文 "division" 的缩写，意为 "分割、区域"。<div>标记就是一个区块容器标记，简称块标记，块通称为盒子。块标记可以容纳段落、标题、表格、图像等各种网页元素。<div>标记中还可以包含多层<div>标记。实际上 "DIV+CSS" 布局网页就是将网页内容放入若干<div>标记中，并使用 CSS 设置这些块的属性。

（2）盒子内容的宽度为 width 属性；高度为 height 属性；盒子内容到边框之间的距离为内边距，即 padding 属性；盒子的边框为 border 属性；盒子边框外和其他盒子之间的距离为外边距，即 margin 属性。

（3）一个盒子实际占有的宽度（或高度）是 "内容的宽度（或高度）+内边距+边框宽度+外边距"。因此，例 4-1 中定义的盒子 box 的实际宽度和高度均是 310px。在网页排版时，要非常精确地计算盒子实际占有的宽度和高度。

注 意 （1）并不是只有用<div>定义的块才是一个盒子，事实上大部分网页元素本质上都是以盒子的形式存在的。例如，body、p、h1～h6、ul、li 等元素都是盒子，这些元素都有默认的盒子属性值。

（2）给盒子添加背景颜色或背景图像时，该元素的背景颜色或背景图像也将出现在内边距中。

（3）虽然每个盒子模型都拥有内边距、边框、外边距、宽度和高度这些基本属性，但是并不要求每个元素都必须定义这些属性。

（4）<div>标记定义的盒子默认的宽度是浏览器的宽度，默认的高度由盒子中的内容决定，默认的边框、内边距、外边距都为 0。但网页中的元素 body、p、h1～h6、ul、li 等都有默认的外边距和内边距，设计网页时，一般要将这些元素的外边距和内边距都先设为 0，需要时再设置为非 0 的值。

4.2.2 盒子模型的相关属性

微课 4-2：border

要精确描述盒子的外观，需要设置盒子的边框属性、圆角边框属性、内边距属性、外边距属性、盒子阴影属性和盒子大小属性等。

1. 边框属性 border
边框属性设置方式如下。

（1）`border-top`:上边框宽度 样式 颜色;

（2）`border-right`:右边框宽度 样式 颜色;

（3）`border-bottom`:下边框宽度 样式 颜色;

（4）`border-left`:左边框宽度 样式 颜色;

若 4 个边框具有相同的宽度、样式和颜色，则可以用一行代码。格式如下。

`border`:边框宽度 样式 颜色;

例如，将盒子 box 的下边框设置为 2px 的红色实线可以用如下代码。

```
.box{border-bottom:2px solid #f00;}
```
将盒子 box 的 4 个边框均设置为 2px 的红色实线可以用如下代码。

```
.box {border:2px solid #f00;}
```

2. 圆角边框属性 border-radius

CSS3 新增的 border-radius 属性可以给元素设置圆角边框，这是 CSS3 很有吸引力的一个功能。其格式如下。

```
border-radius:圆角半径;
```

例如，为例 4-1 中的盒子设置圆角半径，此时浏览网页，效果如图 4-4 所示。

```
.box {
        width: 200px;                 /*盒子的宽度*/
        height: 200px;                /*盒子的高度*/
        border: 5px  solid  red;      /*盒子的边框为 5px 的红色实线*/
        border-radius:15px;           /* 圆角半径为 15px */
        background: #ccc;             /*盒子的背景颜色为灰色*/
        padding: 20px;                /*盒子的内边距*/
        margin: 30px;                 /*盒子的外边距*/
}
```

图 4-4　给盒子添加圆角边框

注意　（1）设置圆角半径时，也可以分别为 4 个角设置不同的圆角半径。

例如，在例 4-1 中，盒子的样式代码改为如下。

```
.box {
    width: 200px;                            /*盒子的宽度*/
    height: 200px;                           /*盒子的高度*/
    border: 5px solid red;                   /*盒子的边框为 5px 的红色实线*/
    border-radius:15px 15px 0 0;   /* 圆角半径设置为 4 个值 */
    background: #ccc;                        /*盒子的背景颜色为灰色*/
    padding: 20px;                           /*盒子的内边距*/
    margin: 30px;                            /*盒子的外边距*/
}
```

代码 "border-radius:15px 15px 0 0;" 中的第一个参数表示左上角的圆角半径，第二个参数表示右上角的圆角半径，第三个参数表示右下角的圆角半径，第四个参数表示左下角的圆角半径。浏览网页，效果如图 4-5 所示。

（2）若盒子设置了背景颜色或背景图像，那么在不设置边框时，也可以使用 border-radius 属性显示出圆角的效果。

例如，在例 4-1 中，盒子的样式代码改为如下。

```
.box {
    width: 200px;                   /*盒子的宽度*/
    height: 200px;                  /*盒子的高度*/
    border-radius:15px      /* 圆角半径设置为 15px */
    background: #ccc;               /*盒子的背景颜色为灰色*/
    padding: 20px;                  /*盒子的内边距*/
    margin: 30px;                   /*盒子的外边距*/
}
```

此时，浏览网页，效果如图 4-6 所示。

图 4-5　给盒子添加上面有两个圆角的边框　　　图 4-6　不添加边框时也有圆角效果

　（3）使用 border-radius 属性也可以给图像添加圆角效果，后面再举例说明。

3. 内边距属性 padding

内边距属性用于设置盒子中内容与边框之间的距离，也常常称为内填充。其设置方式类似于边框属性的设置方式，格式如下。

（1）**`padding-top`**：上内边距；

（2）**`padding-right`**：右内边距；

（3）**`padding-bottom`**：下内边距；

（4）**`padding-left`**：左内边距。

微课 4-4：padding 和 margin

若 4 个内边距具有相同的大小，则可以用一行代码设置。格式如下。

`padding`：内边距；

例如，将盒子 box 的上、右、下、左 4 个内边距分别设置为 10px、20px、30px、40px，可以使用如下代码。

```
.box{
padding-top:10px;
padding-right:20px;
padding-bottom:30px;
padding-left:40px;
}
```

也可以简写成：

```
.box{padding:10px 20px 30px 40px;}
```

若写成：

```
.box{padding:10px 20px 30px;} /*表示上内边距为 10px，左、右内边距均为 20px，下内边距为 30px */
```

若写成：

```
.box{padding:10px 20px;} /*表示上、下内边距均为 10px，左、右内边距均为 20px */
```

若写成：

```
.box{padding:10px;} /*表示上、右、下、左 4 个内边距均为 10px */
```

4. 外边距属性 margin

网页是由多个盒子排列而成的，要想拉开盒子与盒子之间的距离，合理布局网页，就需要为盒子设置外边距。外边距属性用于设置盒子与盒子之间的距离。其设置方式类似于内边距属性的设置方式，格式如下。

（1）**`margin-top`**：上外边距；

（2）**`margin-right`**：右外边距；

（3）**`margin-bottom`**：下外边距；

（4）**`margin-left`**：左外边距。

若 4 个外边距具有相同的大小，则可以用一行代码设置。格式如下。

`margin`：外边距；

外边距属性的设置与内边距属性的设置基本相同，在此不赘述。但如果要让盒子在其所在容器中水平居中，则可以用如下代码。

```
.box{ margin:0 auto;} /*表示上、下外边距为 0，左、右外边距为自动均匀分布，盒子在容器中水平居中显示 */
```

5. 盒子阴影属性 box-shadow

任务 3 中介绍过的 text-shadow 属性是用来给文本添加阴影效果的，而此处介绍的 box-shadow 是用来给盒子添加阴影效果的。这也是 CSS3 新增的属性。其格式如下。

> **box-shadow**:阴影水平偏移量 阴影垂直偏移量 阴影模糊半径 阴影扩展半径 阴影颜色 阴影类型;

> **说明**
>
> （1）阴影水平偏移量：必选项，可以为负值，正值表示向右偏移，负值表示向左偏移。
> （2）阴影垂直偏移量：必选项，可以为负值，正值表示向下偏移，负值表示向上偏移。
> （3）阴影模糊半径：可选项，不能为负值，值越大阴影越模糊，默认值为 0，表示不模糊。
> （4）阴影扩展半径：可选项，可以为负值，正值表示在所有方向扩展，负值表示在所有方向消减，默认值为 0。
> （5）阴影颜色：可选项，省略时为黑色。
> （6）阴影类型：可选项，内阴影的值为 inset，省略时为外阴影。

微课 4-5:
box-shadow

例如，给盒子添加阴影水平偏移量是 10px、阴影垂直偏移量是 10px、阴影模糊半径是 10px 的灰色阴影，可以用如下代码。

```
box-shadow:10px 10px 10px #808080;   /* 添加阴影 */
```

例 4-2　在项目 chapter04 中新建一个网页文件，定义一个盒子，盒子中包括图像和文本等，盒子和图像都设置了阴影效果，浏览效果如图 4-7 所示，文件名为 example02.html，代码如下。

图 4-7　给盒子和图像添加阴影

```html
<!DOCTYPE html>
<html>
<head>
<meta charset="utf-8">
<title>盒子相关属性</title>
<style type="text/css">
    body,h2,p{margin:0;padding:0;}        /*设置内边距和外边距为 0*/
    .box {
        width: 450px;                     /*设置宽度*/
        height: 300px;                    /*设置高度*/
        border: 1px solid #ccc;           /*设置边框为 1px 的灰色实线*/
        padding:10px;                     /*设置盒子内边距,使盒子边框与内容之间有 10px 的空白*/
        margin:50px auto;                 /*设置盒子外边距,使盒子在浏览器中水平居中显示*/
        box-shadow:10px 10px 10px #ccc;   /*给盒子添加阴影*/
    }
    h2 {
```

```
                text-align: center;
                height: 40px;                        /*设置标题的高度*/
                line-height: 40px;                   /*设置标题的行高，使文字垂直居中*/
                border-bottom: 1px dashed #ccc;      /*设置下边框*/
        }
        .text {                                      /*段落样式*/
                font-family: "微软雅黑";
                font-size: 14px;
                color: #333;
                padding-top:10px;                    /*设置上内边距*/
                text-indent: 2em;
                line-height: 25px;
        }
        .image1{                                     /*图像样式*/
                border-radius: 15px;                 /*设置图像的圆角半径*/
                float:left;                          /*设置图像左浮动，使图像与文字环绕*/
                margin:20px;                         /*设置外边距，使图像与文字有 20px 的距离*/
                box-shadow:3px 3px 10px 2px #999;  /*给图像添加阴影*/
        }
</style>
</head>
<body>
<div class="box">
    <h2>学院简介</h2>
    <p><img src="images/school1.jpg" width="200" height="150" alt="" class="image1"/>
</p>
    <p class="text">学院是省人民政府批准设立、教育部备案的省属公办全日制普通高校。学院秉持"以服
务发展为宗旨、以促进就业为导向"的办学方针，遵循"以人为本、德技双馨、产教融合、服务社会"的办学理念，
以"建设有特色高水平的高职院校"为目标，建立了开放创新强校模式，累积了优质的教育资源，形成了良好的育人
环境。学院的管理水平、教学质量、办学特色得到社会各界的广泛肯定。</p>
</div>
</body>
</html>
```

浏览网页，效果如图 4-7 所示。

在例 4-2 的代码中，给盒子 box 添加了阴影水平偏移量为 10px、阴影垂直偏移量为 10px、阴影模糊半径是 10px 的浅灰色阴影；给图像添加了水平阴影偏移量为 3px、垂直阴影偏移量为 3px、阴影模糊半径是 10px、阴影扩展半径是 2px 的灰色阴影。

可以看出，图像和盒子添加阴影后立体感更强，视觉效果更好。利用 box-shadow 属性可以不再使用 Photoshop 制作阴影。

> **小技巧** 通过例 4-2 可以看出，网页中要添加水平或垂直线条时，可以通过给元素设置边框的方式实现。以前学习的使用<hr>标记添加水平线的方法不灵活，而且样式单一，实际设计网页时一般不用。

6. 盒子大小属性 box-sizing

在 CSS 盒子模型的默认定义中，为盒子添加内边距和边框会影响盒子的总宽度。这意味着当你调整一个元素的宽度和高度时，需要时刻注意这个元素的边框和内边距。这样的操作烦琐易错，在

实现响应式布局时，尤其让人烦恼。HTML5 新增的 box-sizing 属性可以很容易地解决这个问题。box-sizing 属性用于定义一个盒子的总宽度和总高度是否包含内边距和边框。格式如下。

```
box-sizing: content-box|border-box;
```

说明

（1）content-box（默认值）：盒子的 width 属性值不包括内边距和边框，盒子在页面上实际占的宽度在计算时要把内边距和边框包含进去。

（2）border-box：元素的 width 属性值包括内边距和边框。

下面通过一个案例来演示 box-sizing 的用法。

例 4-3 box-sizing 的用法示例。在项目 chapter04 中新建一个网页文件，网页浏览效果如图 4-8 所示，文件名为 example03.html。

微课 4-6：
box-sizing

```html
<!DOCTYPE html>
<html>
 <head>
    <meta charset="utf-8">
    <title>box-sizing 属性</title>
<style type="text/css">
    .box1{
        box-sizing: content-box;
        width: 400px;
        height: 100px;
        padding: 10px;
        border: 10px solid blue;
    }
    .box2{
        box-sizing:border-box;
        width: 400px;
        height: 100px;
        padding: 10px;
        border: 10px solid blue;
    }
</style>
</head>
<body>
    <div class="box1">box-sizing: content-box;</div>
    <div class="box2">box-sizing:border-box;</div>
</body>
</html>
```

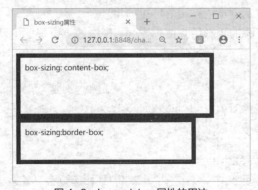

图 4-8 box-sizing 属性的用法

浏览网页，效果如图 4-8 所示。

在例 4-3 中，第一个盒子应用了样式 "box-sizing: content-box;"，其总宽度为 440px，第二个盒子应用了样式 "box-sizing: border-box;"，其总宽度为 400px。也就是说，第二个盒子在设置内边距 padding 和边框 border 之后，其实际宽度依然是 width 的值 400px。

> **小技巧** 如果盒子的实际大小不因设置内边距和边框而改变，则可以添加 box-sizing 属性，设置其值为 border-box，这在网页布局时很有用。

4.2.3 背景属性

网页能通过背景颜色或背景图像给人留下深刻的第一印象，如节日题材的网站一般采用应景的图片来营造节日氛围，所以在网页设计中，控制背景颜色和背景图像是很重要的。

设置背景颜色或背景图像时可使用综合属性 background，通过该属性可以设置与背景相关的所有值。与 background 属性相关的一系列属性如表 4-1 所示。

表 4-1 与 background 属性相关的属性

属性	作用	备注
background-color	设置要使用的背景颜色	
background-image	设置要使用的背景图像	
background-repeat	设置如何重复背景图像	
background-position	设置背景图像的位置	
background-attachment	设置背景图像是固定还是随着页面的其余部分滚动	
background-size	设置背景图像的大小	CSS3 新增属性
background-clip	设置背景图像的裁剪区域	CSS3 新增属性
background-origin	设置背景图像的参考原点	CSS3 新增属性

1. 设置背景颜色
格式如下。

```
background-color: #RRGGBB | rgb(r,g,b) | 预定义的颜色值;
```

例 4-4 在项目 chapter04 中再新建一个网页文件，分别设置网页的背景颜色和标题行的背景颜色，文件名为 example04.html，代码如下。

```
<!DOCTYPE html>
<html>
 <head>
    <meta charset="utf-8">
    <title>设置背景颜色</title>
    <style type="text/css">
        body {
            background-color: #B6ECEB;        /*设置网页的背景颜色*/
        }
        h2 {
            text-align: center;
            background-color: #009;              /*设置标题行的背景颜色*/
            color: #FFF;
        }
```

```
        </style>
    </head>
    <body>
        <h2>未来信息学院简介</h2>
        <p>未来信息学院是山东省人民政府批准设立、教育部备案的省属公办全日制普通高校。学院秉持"以服
务发展为宗旨、以促进就业为导向"的办学方针，遵循"以人为本、德技双馨、产教融合、服务社会"的办学理念，
以"建设有特色高水平的高职院校"为目标，建立了开放创新强校模式，累积了优质的教育资源，形成了良好的育人
环境。学院的管理水平、教学质量、办学特色得到社会各界的广泛肯定。</p>
    </body>
</html>
```

浏览网页，效果如图 4-9 所示。

图 4-9　设置背景颜色

2. 设置背景图像

格式如下。

background-image:URL（图像来源）；

例 4-5　修改例 4-4 的代码，设置网页的背景图像，文件另存为 example05.html，修改 body 标记的 CSS 代码如下。

```
body {
    background-image: url(images/bodybg.jpg);        /*设置网页的背景图像为祥云图案*/
}
```

浏览网页，效果如图 4-10 所示。可以看出，网页的背景铺满了祥云图案。

图 4-10　设置网页的背景图像

默认情况下，背景图像在元素的左上角，并自动沿着水平和竖直两个方向平铺，充满整个网页。

3. 设置背景图像平铺

格式如下。

background-repeat:repeat|no-repeat|repeat-x|repeat-y|space|round;

该属性用于设置元素的背景图像如何平铺填充。

说 明　（1）repeat：背景图像在横向和纵向平铺，为默认值。

（2）no-repeat：背景图像只显示一次，不平铺。

（3）repeat-x：背景图像在横向上平铺。

（4）repeat-y：背景图像在纵向上平铺。

（5）space：背景图像以相同的间距平铺，且填充满整个容器或某个方向（CSS3 新增关键字）。

（6）round：背景图像自动缩放至合适大小，且填充满整个容器（CSS3 新增关键字）。

4. 设置背景图像位置

格式如下。

```
background-position:关键字|百分比|长度;
```

该属性用于设置元素的背景图像位置。

说 明　（1）关键字。控制元素水平方向的关键字有 left、center 和 right，控制元素垂直方向的关键字有 top、center 和 bottom，水平方向和垂直方向的关键字可以相互搭配使用。各关键字的含义如下。

① center：背景图像横向和纵向居中。

② left：背景图像在横向上填充，从左边开始。

③ right：背景图像在横向上填充，从右边开始。

④ top：背景图像在纵向上填充，从顶部开始。

⑤ bottom：背景图像在纵向上填充，从底部开始。

（2）百分比。表示用百分比指定背景图像填充的位置，可以为负值。一般要指定两个值，两个值之间用空格隔开，分别代表水平位置和垂直位置，水平位置的起始参考点在元素左端，垂直位置的起始参考点在元素顶端。默认值是 0% 0%，效果等同于 left top。

（3）长度。用长度值指定背景图像填充的位置，可以为负值。也要指定两个值，分别代表水平位置和垂直位置，起始参考点在元素左端和顶端。

5. 设置背景图像固定

格式如下。

```
background-attachment:scroll| fixed|local;
```

该属性用于设置或检索背景图像是随元素滚动的还是固定的。

说 明　（1）scroll。背景图像相对于其所在的元素固定，也就是说当元素内容滚动时，背景图像不会跟着滚动，因为背景图像总是跟着元素本身，但会随元素的祖先元素或窗体一起滚动。默认值为 scroll。

（2）fixed。背景图像相对于浏览器窗口固定。

（3）local。背景图像相对于元素内容固定，也就是说当元素内容随元素滚动时，背景图像也会跟着滚动，因为背景图像总是跟着内容的。（CSS3 新增关键字。）

6. 设置背景图像的大小

格式如下。

```
background-size:长度|百分比|auto| cover| contain;
```

该属性用于检索或设置背景图像的大小。

说明　（1）长度：用长度指定背景图像大小，不允许为负值。
（2）百分比：用百分比指定背景图像大小，不允许为负值。
（3）auto：背景图像的真实大小，默认值为 auto。
（4）cover：将背景图像等比缩放到完全覆盖容器，背景图像有可能超出容器。
（5）contain：将背景图像等比缩放到宽度或高度与容器的宽度或高度相等，背景图像始终被包含在容器内。

注意　当背景图像的大小用长度或百分比表示时，如果提供两个值，则第一个用于定义背景图像的宽度，第二个用于定义背景图像的高度。如果只提供一个值，则该值将用于定义背景图像的宽度，第二个值默认为 auto，即高度为 auto，此时背景图像以提供的宽度作为参照来等比例缩放。

7. 设置背景图像的裁剪区域

格式如下。

```
background-clip:border-box|padding-box|content-box;
```

该属性用于设置背景图像向外裁剪的区域，也可以理解为背景呈现的区域。

说明　（1）border-box：背景图像不会发生裁剪，为默认值。
（2）padding-box：超出 padding 区域，也就是位于 border 区域的背景图像将会被裁剪。
（3）content-box：从 content 区域（内容区域）开始向外裁剪背景，即位于 border 和 padding 区域内的背景将会被裁剪。

8. 设置背景图像的参考原点

格式如下。

```
background-origin:padding-box|border-box|content-box;
```

指定背景图片 background-image 属性显示图像时的参考原点。默认情况下，背景图像以元素左上角为坐标原点显示背景图像，设置 background-origin 属性可以指定图像显示的参考原点。

说明　（1）padding-box：在 padding 区域（含 padding）内显示背景图像。
（2）border-box：在 border 区域（含 border）内显示背景图像。
（3）content-box：在 content 区域内显示背景图像。

注意　当使用 background-attachment 为 fixed 时，该属性将被忽略不起作用。

微课 4-7：制作
图文混排内容块

例 4-6　在项目 chapter04 中新建一个网页文件，利用背景图像的各种属性设置元素的背景颜色和背景图像，文件名为 example06.html，代码如下。

```
<!DOCTYPE html>
<html>
 <head>
    <meta charset="utf-8">
    <title>设置背景颜色和图像</title>
```

```
<style type="text/css">
    body,h2,p {
        margin: 0;
        padding: 0;
    }
    .box {
        width: 600px;
        height: 620px;
        margin: 20px auto 0;
        background-image: url(images/binhai.jpg);     /*设置背景图像*/
        background-repeat: no-repeat;                  /*设置背景图像不重复*/
        background-position: center bottom;            /*设置背景图像的位置*/
    }
    h2 {
        height: 40px;
        line-height: 40px;
        text-align: center;
        margin-bottom: 10px;
        background-color: #ccc;                        /*设置背景颜色*/
        background-image: url(images/xiaohui.png);     /*设置背景图像*/
        background-repeat: no-repeat;                  /*设置背景图像不重复*/
        background-position: left center;              /*设置背景图像的位置*/
        background-size: 40px;         /*设置背景图像的大小，图像等比例缩放*/
    }
    p {
        text-indent: 2em;
        line-height: 25px;
    }
</style>
</head>
<body>
    <div class="box">
        <h2>未来信息学院简介</h2>
        <p>学院是省人民政府批准设立、教育部备案的省属公办全日制普通高校。学院秉持"以服务发展
为宗旨、以促进就业为导向"的办学方针，遵循"以人为本、德技双馨、产教融合、服务社会"的办学理念，以"建
设有特色高水平的高职院校"为目标，建立了开放创新强校模式，累积了优质的教育资源，形成了良好的育人环境。
学院的管理水平、教学质量、办学特色得到社会各界的广泛肯定。</p>
    </div>
</body>
</html>
```

浏览网页，效果如图 4-11 所示。

说明　例 4-6 中盒子下面的图像也可以使用图像标记（<img>）来添加，但设置背景图像与使用图像标记插入图像不同的是，背景图像上面可以显示文字。在实际使用时可以根据情况决定是设置背景图像还是使用图像标记来插入图像，有时两者皆可。

图 4-11　设置元素的背景颜色和图像

9. 综合设置背景

格式如下。

> **background**:背景颜色 url("图像") 是否重复 位置 是否固定 大小 裁剪方式 参考原点;

说明　background 可以综合设置元素的背景颜色和背景图像，并可以设置图像是否重复、位置、是否固定、大小、裁剪方式和背景图像的参考原点。某些属性值省略时，该属性以默认值的方式配置。

注意　（1）所有属性在书写时顺序任意。

（2）如果同时设置了"position"和"size"两个属性，则应该用左斜杠"/"分隔，如"position/size"，而不是用空格把两个参数值隔开。

（3）设置元素的背景颜色和背景图像时建议使用综合属性 background 一次性设置。

例 4-7　修改例 4-6，使用 background 综合设置网页中的背景颜色和背景图像，文件名为 example07.html，代码如下。

```
<!DOCTYPE html>
<html>
 <head>
    <meta charset="utf-8">
    <title>综合设置背景颜色和背景图像</title>
    <style type="text/css">
        body,h2,p {
            margin: 0;
            padding: 0;
        }
        .box {
            width: 600px;
            height: 620px;
            margin: 20px auto 0;
```

```
           background: url(images/binhai.jpg) no-repeat center bottom;  /*设置
背景图像*/
           }
          h2 {
              height: 40px;
              line-height: 40px;
              text-align: center;
              margin-bottom: 10px;
              background: #ccc url(images/xiaohui.png) no-repeat left center/40px;
/*设置背景颜色和图像*/
          }
          p {
              text-indent: 2em;
              line-height: 25px;
          }
      </style>
  </head>
  <body>
      <div class="box">
          <h2>未来信息学院简介</h2>
          <p>学院是省人民政府批准设立、教育部备案的省属公办全日制普通高校。学院秉持"以服务发展
为宗旨、以促进就业为导向"的办学方针，遵循"以人为本、德技双馨、产教融合、服务社会"的办学理念，以"建
设有特色高水平的高职院校"为目标，建立了开放创新强校模式，累积了优质的教育资源，形成了良好的育人环境。
学院的管理水平、教学质量、办学特色得到社会各界的广泛肯定。</p>
      </div>
  </body>
</html>
```

浏览网页，显示和例 4-6 相同的网页效果，如图 4-11 所示。

可以看出，使用 background 属性综合设置背景图像可以简化代码，这种方式更常用。

10. 设置多重背景图像

在 CSS3 中，可以对一个元素应用多个图像作为背景，用逗号分隔多个图像。

例 4-8　在项目 chapter04 中再新建一个网页文件，使用 background 属性给盒子添加两个背景图像，文件名为 example08.html，代码如下。

```
<!DOCTYPE html>
<html>
 <head>
    <meta charset="utf-8">
    <title>设置多重背景图像</title>
    <style type="text/css">
        .box {
            width: 300px;
            height: 175px;
            margin: 20px auto;
            border: 1px solid #ccc;
            background: url(images/caodi.png) no-repeat left bottom, url(images/
taiyang.png) no-repeat right top;  /*给盒子添加两个背景图像*/
        }
    </style>
 </head>
 <body>
```

```
    <div class="box"></div>
 </body>
</html>
```

浏览网页，效果如图 4-12 所示。

在例 4-8 中，给盒子添加了两个图像作为背景，一个在盒子的左下方，另一个在盒子的右上方。

图 4-12　设置网页的多重背景图像

11. 设置不透明度

任务 3 已介绍颜色的不透明度可以使用 rgba (r,g,b,alpha)模式设置。另外，也可以使用 opacity 属性为元素设置不透明效果。格式如下。

```
opacity:不透明度值;
```

说明　不透明度值是 0~1 的浮点数值。其中，0 表示完全透明，1 表示完全不透明，0.5 表示半透明。

下面通过案例说明如何使用 opacity 属性设置图像的不透明度。

例 4-9　在项目 chapter04 中再新建一个网页文件，使用 opacity 属性设置图像的不透明度，文件名为 example09.html，代码如下。

```html
<!DOCTYPE html>
<html>
 <head>
    <meta charset="utf-8">
    <title>设置图像的不透明度</title>
    <style type="text/css">
        img {
            opacity: 0.3;   /*设置不透明度为 0.3, 图像是模糊的*/
        }
        img:hover {
            opacity: 1;     /*设置不透明度为 1, 图像是清晰的*/
        }
    </style>
 </head>
 <body>
    <img src="images/shizi.jpg" width="300" alt="">
 </body>
</html>
```

浏览网页，效果如图 4-13 和图 4-14 所示。

图 4-13　图像的不透明度为 0.3

图 4-14　图像的不透明度为 1

在例 4-9 中，先给图像设置了不透明度是 0.3，图像是模糊的；当鼠标指针移动到图像上时，图像的不透明度变为 1，即图像变清晰。:hover 是指鼠标指针悬停到该元素时的状态。

12. 设置背景图像的渐变效果

在 CSS3 之前，添加具有渐变效果的背景通常要设置背景图像来实现。在 CSS3 中可以使用 linear-gradient()创建线性渐变图像，使用 radial-gradient()创建径向渐变图像，使用 repeating-linear-gradient()创建重复的线性渐变图像，使用 repeating-radial-gradient()创建重复的径向渐变图像。在此只介绍线性渐变，其他 3 种请读者自学。

线性渐变背景图像格式如下。

```
background:linear-gradient(渐变角度,颜色值1,颜色值2,…,颜色值n);
```

说明　（1）渐变角度。是指水平线和渐变线之间的夹角，通常是以 deg 为单位的角度值，角度省略时默认为 180deg。
　　（2）颜色值。用于设置渐变颜色，其中，颜色值 1 表示起始颜色，颜色值 n 表示结束颜色，起始颜色和结束颜色之间可以添加多个颜色值，各颜色值用逗号隔开。

例 4-10　在项目 chapter04 中新建一个网页文件，设置具有渐变色的背景，文件名为 example10.html，代码如下。

```
<!DOCTYPE html>
<html>
 <head>
    <meta charset="utf-8">
    <title>设置渐变背景</title>
    <style type="text/css">
        .box {
            width: 600px;
            height: 300px;
            margin: 20px auto;
            border: 1px solid #000;
            background: linear-gradient(white, blue);    /*设置具有渐变色的背景*/
        }
        h2 {
            text-align: center;
        }
        p {
            text-indent: 2em;
            line-height: 25px;
        }
    </style>
</head>
<body>
    <div class="box">
        <h2>未来信息学院简介</h2>
        <p>学院是山东省人民政府批准设立、教育部备案的省属公办全日制普通高校。学院秉持"以服务
发展为宗旨、以促进就业为导向"的办学方针，遵循"以人为本、德技双馨、产教融合、服务社会"的办学理念，以
"建设有特色高水平的高职院校"为目标，建立了开放创新强校模式，累积了优质的教育资源，形成了良好的育人环
境。学院的管理水平、教学质量、办学特色得到社会各界的广泛肯定。</p>
    </div>
 </body>
</html>
```

浏览网页，效果如图 4-15 所示。

图 4-15　设置渐变背景

在例 4-10 中，给盒子设置了从白色到蓝色的渐变背景，渐变角度默认是 180deg，若以其他角度渐变，则必须写上角度值，读者可自行尝试。

4.3　任务实现

微课 4-8：任务
实现

在项目 chapter04 中再新建一个网页文件，制作学院介绍页面，文件名为 intr.html，在文件中首先搭建页面内容，即结构，然后定义网页元素的样式。

4.3.1　搭建学院介绍页面结构

分析图 4-16 所示的学院介绍页面，该页面主要由标题和段落文字组成。所有文字内容放入一个块中。标题文字使用<h2>标记，段落文字使用<p>标记。因此首先要在页面中使用<div>标记定义一个块，将标题和段落内容放入块中。网页元素的样式使用 CSS 样式设置。

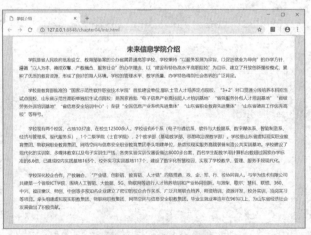

图 4-16　学院介绍页面

打开新创建的文件 intr.html，搭建页面结构代码如下。

```
<!DOCTYPE html>
<html>
 <head>
    <meta charset="utf-8">
```

```
        <title>学院介绍</title>
    </head>
    <body>
        <div class="content">
            <h2>未来信息学院介绍</h2>
            <p>学院是省人民政府批准设立、教育部备案的公办省属普通高等学校，学校秉持"以服务发展为
宗旨，以促进就业为导向"的办学方针，遵循"以人为本、德技双馨、产教融合、服务社会"的办学理念，以"建设
有特色高水平高职院校"为目标，建立了开放创新强校模式，累积了优质的教育资源，形成了良好的育人环境。学校
的管理水平、教学质量、办学特色得到社会各界的广泛肯定。</p>
            …
        </div>
    </body>
</html>
```

在上述代码中，标题和段落的内容都放入了 div 元素定义的盒子中，并给盒子添加类选择器.content，便于随后设置样式。此时浏览网页，效果如图 4-17 所示。

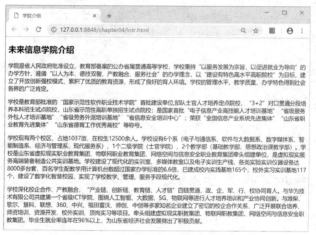

图 4-17　没有添加样式的页面浏览效果

4.3.2　定义学院介绍页面 CSS 样式

搭建页面内容后，使用 CSS 内部样式表设置页面各元素样式，将该部分代码放入<head>和</head>标记之间，代码如下。

```
<style type="text/css">
    body,h2,p {
        margin: 0;                          /*设置元素的外边距为0*/
        padding: 0                          /*设置元素的内边距为0*/
    }
    body {
        font-family: "微软雅黑";            /*设置字体*/
        font-size: 14px;                    /*设置文字大小*/
        color: #333;                        /*设置文字颜色为深灰色*/
        background: url(images/bodybg.jpg); /*设置背景图像为祥云图案，图像默认平铺*/
    }
    .content {                              /* 盒子的样式 */
```

```
            width: 858px;                  /*设置宽度*/
            height: auto;                  /*设置高度为 auto*/
            border: 1px solid #CCC;        /*设置边框为 1px 的灰色实线*/
            margin: 0 auto;                /*设置元素在网页上水平居中*/
            padding: 20px;                 /*设置元素的内边距*/
            background: #FFF;              /*设置背景颜色为白色*/
        }
        h2 {
            text-align: center;            /*设置标题水平居中*/
            height: 40px;                  /*设置标题的高度*/
            line-height: 40px;             /*设置标题的行高与高度相等，使文字垂直居中*/
        }
        p {
            text-indent: 2em;              /*设置首行缩进 2 个字符*/
            line-height: 25px;             /*设置行高*/
            margin-bottom: 20px;           /*设置段落间距*/
        }
    </style>
```

此时再浏览网页，效果如图 4-16 所示。

在上述代码中，网页上的所有内容都放入一个盒子中，使用 CSS 设置盒子及盒子中各个元素的样式。

任务小结

本任务围绕学院介绍页面的实现，首先介绍了盒子模型的概念、盒子相关属性、CSS 背景设置等知识点及其运用方法，最后综合利用所学知识对学院介绍页面的结构重新布局，并对文本内容的样式进行美化。本任务介绍的主要知识点如表 4-2 所示。

表 4-2　任务 4 的主要知识点

属性类型	属性名称	作用
盒子模型相关属性	width	盒子内容的宽度
	height	盒子内容的高度
	border	设置元素的边框
	border-radius	给元素设置圆角边框
	padding	设置元素的内边距
	margin	设置元素的外边距
	box-shadow	给盒子添加阴影效果
	box-sizing	定义盒子宽度、高度是否包含内边距和边框
背景属性	background-color	设置背景颜色
	background-image	设置背景图像
	background-repeat	设置如何重复背景图像
	background-position	设置背景图像的位置
	background-attachment	设置背景图像是固定的还是跟随其所在元素滚动
	background-size	设置背景图像的大小

续表

属性类型	属性名称	作用
背景属性	background-clip	设置背景图像的裁剪区域
	background-origin	设置背景图像的参考原点
综合设置背景属性	background	综合设置背景颜色和背景图像
设置不透明度	opacity	设置图像的不透明度

习题 4

一、单项选择题

1. 如何显示这样一个边框：上边框为 10 px，下边框为 5 px，左边框为 20 px，右边框为 1 px？
（   ）

    A）border-width:10px 5px 20px 1px   B）border-width:10px 20px 5px 1px

    C）border-width:5px 20px 10px 1px   D）border-width:10px 1px 5px 20px

2. 使用什么属性可以设置元素的左外边距？（   ）

    A）text-indent   B）indent   C）margin   D）margin-left

3. 下列 CSS 属性中不用于设置背景图像样式的是（   ）。

    A）background-image   B）background-begin   C）background-repeat   D）background-size

4. 要实现背景图像不重复，应该设置为（   ）。

    A）background-repeat:repeat   B）background-repeat:repeat-x

    C）background-repeat:repeat-y   D）background-repeat:no-repeat

5. 在 CSS 中，设置背景图像的属性是（   ）。

    A）background   B）background image

    C）background-color   D）bkground

6. 下列选项中，用于更改元素左内边距的是（   ）。

    A）text-indent   B）padding-left   C）margin-left   D）padding-right

7. 下列选项中，哪个不能设置边框为 3px 的红色实线？（   ）

    A）border:3px solid #F00;   B）border: #F00 solid 3px;

    C）border: red solid 3px;   D）border:#0F0 3px solid;

8. 关于样式代码 ".box{width:200px; padding:15px; margin:20px;}"，下列说法正确的是
（   ）。

    A）.box 的总宽度为 200px   B）.box 的总宽度为 270px

    C）.box 的总宽度为 235px   D）以上说法均错误

9. 一个盒子的宽度和高度均为 300px，左内边距为 30px，同时盒子有 3px 的边框，请问这个盒子的总宽度是多少？（   ）

    A）333px   B）366px   C）336px   D）363px

10. 设置背景颜色为 green，背景图片垂直居中显示，背景图片充满整个区域，但是背景图片不能变形，图片只出现一次，以下代码正确的是（   ）。

    A）background:url("../img/img1.jpg") no-repeat center/cover green;

    B）background:url("../img/img1.jpg") repeat center/cover green;

C）url("../img/img1.jpg") no-repeat center/100% green;

D）url("../img/img1.jpg") no-repeat center/100% 100% green;

二、判断题

1. 在 CSS 背景综合属性中，既可以定义背景图片，也可以定义背景颜色。（　　　）

2. 在 CSS 中，border 属性是一个复合属性。（　　　）

3. 在 CSS3 中，box-shadow 属性不设置"阴影类型"参数时默认为"内阴影"。（　　　）

4. 一个 div 的高度为 200px，内边距为 10px，边框为 1px，那么它的总高度为 222px。（　　　）

5. 默认情况下，背景图像会自动向水平和竖直两个方向平铺。（　　　）

6. opacity 属性用于定义元素的不透明度，参数 opacityValue 表示不透明度的值，它是一个 0～1 的浮点数值。（　　　）

7. <div>与</div>之间相当于一个容器，可以容纳段落、标题、图像等各种网页元素。（　　　）

实训 4

微课 4-9：实训 4
参考步骤

一、实训目的

1. 理解盒子模型的定义和使用。

2. 掌握盒子模型的常用属性。

二、实训内容

1. 创建介绍绿色食品的网页，要求所有内容放入盒子中，盒子在浏览器中居中显示，页面浏览效果如图 4-18 所示。

图 4-18　第 1 题页面浏览效果

2. 创意设计：创建班级介绍页面，要求图文并茂，所有内容放入盒子中，盒子在浏览器中居中显示。

三、实训总结

1. 简要描述什么是盒子模型。

2. 在网页上显示图像有几种方式？这几种方式又有何区别？

四、拓展学习

通过 CSS3 手册学习 CSS 元素属性的单位，如 px、pt、em 等。

扩展阅读

HTML5 代码书写规范

1. 使用正确的文档类型

HTML 文档类型声明位于文档的第一行：使用<!DOCTYPE html>或者<!doctype html>。

2. <title>元素不能省略

在 HTML5 中，<title>元素是必须的，不能省略，该元素用于描述页面的主题。

3. 使用小写标记名

HTML5 标记名可以使用大写和小写字母，但推荐使用小写字母。小写风格看起来更加清爽，也更容易书写。

4. 大部分标记要关闭

在 HTML5 中，大部分标记是双标记，所有双标记都需要关闭。

5. 使用小写属性名

在 HTML5 中属性名允许使用大写和小写字母，但推荐使用小写字母书写属性名。

6. 属性值

在 HTML5 中，属性值可以不用引号，但推荐使用引号。

7. 图片属性

图片尽量添加 alt 属性。在图片不能显示时，它能替代图片显示。

例如，<img src="html5.gif" alt="HTML5">。

8. 避免一行代码过长

使用 HTML 代码编辑器时，左右滚动代码是不方便的，所以每行代码应尽量少于 80 个字符。

9. 使用小写文件名

大多 Web 服务器（如 Apache、UNIX 等）对大小写敏感，例如，london.jpg 不能通过 London.jpg 访问。建议统一使用小写的文件名。

总之，代码书写要严谨规范，这样有利于团队协作精神和工匠精神的培养。

任务5
制作学院网站导航条

导航条是网页的重要组成元素。导航条可以将网站的信息分类，帮助浏览者快速查找所需信息。本任务使用 HTML 的无序列表标记构建导航条的结构，使用 CSS 完成导航条样式设计，实现带有下拉菜单的学院网站导航条。通过本任务的实现，掌握导航条的构建及导航条样式设置等。

学习目标：

※ 掌握无序列表和超链接样式设置方法；

※ 掌握网页元素的类型及类型转换方法；

※ 掌握基本导航条的设计方法；

※ 掌握带有下拉菜单导航条的设计方法。

5.1 任务描述

创建带有下拉菜单的学院网站导航条，浏览效果如图 5-1 和图 5-2 所示。要求如下。

（1）导航条的宽度为 100%，高度为 42px。

（2）导航条的背景颜色为蓝色 RGB(28,75,169)。

（3）每个导航项的宽度为 120px，高度为 42px，文字水平居中。

（4）每个导航项为超链接，文字采用微软雅黑体，文字大小为 14px，文字颜色为白色，无下画线。

（5）鼠标指针悬停到主菜单项上时，显示下拉菜单。

图 5-1 学院网站导航条初始效果

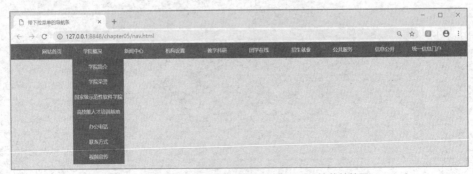

图 5-2 鼠标指针悬停到主菜单项上时显示下拉菜单效果

5.2 知识准备

导航条一般都采用无序列表结构搭建，无序列表中的项要添加超链接，通过定义无序列表和超链接的 CSS 样式实现各种形式的导航菜单效果。下面介绍无序列表和超链接样式设置，以及元素的类型与转换等内容。

5.2.1 无序列表样式设置

微课 5-1：无序列
表样式设置

任务 2 已介绍，列表有无序列表、有序列表和自定义列表等，对应的标记分别是<ul>、<ol>和<dl>等。在实际应用中，无序列表是使用最频繁的列表之一，例如，本任务中的导航条就是用无序列表来构建的。无序列表默认的项目符号是圆点，但实际使用过程中有时不需要项目符号，有时要重新设置项目符号。为此CSS 提供了一系列列表样式属性来设置列表的样式，具体如下。

（1）**list-style-type 属性**：控制无序或有序列表的项目符号。例如，无序列表的取值有 disc、circle、square。

（2）**list-style-position 属性**：设置列表项目符号的位置，其取值有 inside 和 outside 两种。

（3）**list-style-image 属性**：设置列表项的项目图像，使列表的样式更加美观，其取值为图像的URL。

（4）**list-style 属性**：综合设置列表样式，可以代替上面 3 个属性。使用 list-style 属性综合设置列表项的样式，格式如下。

list-style: 列表项目符号　列表项目符号的位置　列表项目图像;

实际上，在网页制作过程中，为了更高效地控制列表项目符号，通常将 list-style 属性定义为 none，即清除列表的默认项目符号，然后为<li>标记设置背景图像来实现不同的列表项目符号。下面举例说明。

例 5-1　在 HBuilderX 中新建空项目，项目名称为 chapter05，在项目内新建 HTML 文件，在网页上创建无序列表，并设置列表样式，文件名为 example01.html，代码如下。

```
<!DOCTYPE html>
<html>
 <head>
    <meta charset="utf-8">
    <title>无序列表样式设置</title>
    <style type="text/css">
        li {
            list-style: none;                    /*清除列表的默认样式*/
            height: 28px;
            line-height: 28px;
            background: url(images/arror.jpg) no-repeat left center; /*设置列表
项目符号*/
            padding-left: 25px;                  /*文字往右移动，使图像与文字不重叠*/
        }
    </style>
 </head>
<body>
        <h2>教学系部</h2>
```

```
        <ul>
            <li>电子与通信系</li>
            <li>软件与大数据系</li>
            <li>数字媒体系</li>
            <li>智能制造系</li>
            <li>现代服务系</li>
            <li>经济与管理系</li>
            <li>基础教学部</li>
            <li>士官学院</li>
        </ul>
 </body>
</html>
```

浏览网页，效果如图 5-3 所示。

图 5-3　无序列表样式

从图 5-3 可以看出，每个列表项都用背景图像重新定义了列表项目符号。要重新选择列表项目符号，只需修改 background 属性的值即可。

5.2.2　超链接样式设置

微课 5-2：超链接
样式设置

前面的任务中已多次使用超链接，可以发现，超链接默认的文字颜色为蓝色且带有下画线，这种单调的样式并不好看。实际上，为了使超链接看起来更加美观，经常需要为超链接指定不同的状态，使得超链接在单击前、单击后和鼠标指针悬停时的样式不同。在 CSS 中，通过超链接伪类可以实现不同的超链接状态。

伪类并不是真正意义上的类，它的名称是由系统定义的。超链接标记<a>的伪类有如下 4 种。

（1）a:link{CSS 样式规则;}：未访问时超链接的状态。

（2）a:visited{CSS 样式规则;}：访问后超链接的状态。

（3）a:hover{CSS 样式规则;}：鼠标指针悬停时超链接的状态。

（4）a:active{CSS 样式规则;}：按下鼠标左键不松开时超链接的状态。

通常在实际应用时，只使用 a:link 和 a:visited 来定义未访问和访问后的样式，而且为 a:link 和 a:visited 定义相同的样式；使用 a:hover 定义鼠标指针悬停时超链接的样式。有时干脆只定义 a 和 a:hover 的样式。

例 5-2　在项目 chapter05 中再新建一个网页文件，设置超链接文字的样式，文件名为 example02.

html，代码如下。

```
<!DOCTYPE html>
<html>
 <head>
     <meta charset="utf-8">
     <title>超链接样式设置</title>
     <style type="text/css">
         body {
             padding: 0;
             margin: 0;
             font-size: 16px;
             font-family: "微软雅黑";
             color: #3c3c3c;
         }
         a {
             color: #4c4c4c;                /*超链接文字的颜色*/
             text-decoration: none;         /*设置超链接文字无下画线*/
         }
         a:hover {
             color: #FF8400;
             text-decoration: underline;    /*设置鼠标指针悬停时超链接文字有下画线*/
         }
     </style>
 </head>
 <body>
     <a href="#">学院简介</a>
     <a href="#">学院新闻</a>
     <a href="#">专业介绍</a>
     <a href="#">招生就业</a>
 </body>
</html>
```

浏览网页，效果如图 5-4 所示。

图 5-4　超链接文字样式

在例 5-2 中浏览网页，鼠标指针移动到超链接文字上时，文字变成橘红色，且带有下画线。设置超链接样式可以改变默认超链接的文字样式。实际制作网站时，都要对网站的超链接进行个性化设置，一般不采用默认样式。

5.2.3 元素的类型与转换

HTML 提供了丰富的标记，用于组织页面结构。为了使页面结构的组织更加清晰、合理，HTML 标记被定义成了不同的类型，一般分为块标记和行内标记，也称块元素和行内元素。块元素和行内元素还能根据实际需求进行类型转换。

1. 块元素

块元素（Block Element）在页面中以区域块的形式出现，其特点是：每个块元素通常都会占据一整行或多行，可以对其设置宽度、高度、对齐方式等属性，常用于网页布局和搭建网页结构。

常见的块元素有 h1~h6、p、ul、ol、li、div、header、nav、article、aside、section、footer 等，其中 header、nav、article、aside、section、footer 是 HTML5 新增的块元素，在后面任务中还会详细介绍。

注意 块元素的宽度默认为其父元素的宽度。

2. 行内元素

行内元素（Inline Element）也称为内联元素或内嵌元素，其特点是：不必在新的一行开始，同时，也不强迫其他元素在新的一行显示。一个行内元素通常会和它前后的其他行内元素显示在同一行中，它们不占据独立的区域，仅靠自身的字体大小和图像尺寸来支撑结构，常用于控制页面中特殊文本的样式。

注意 行内元素一般不可以设置宽度、高度和对齐方式等属性。

常见的行内元素有 a、span、strong、ins、em、del 等，其中 a 和 span 元素是典型的行内元素。

<span>标记与<div>标记都因作为容器标记而被广泛应用在 HTML 中。在<span>与</span>之间同样可以容纳各种 HTML 元素，从而形成独立的对象。

div 与 span 的区别在于，div 是一个块级元素，它包围的元素会自动换行。而 span 是一个行内元素，在它的前后不会换行。span 没有结构上的意义，纯粹是用来应用样式的，当对一行内容中的某部分内容单独设置样式时，就可以使用 span 元素。

3. 元素的转换

网页是由多个块元素和行内元素构成的盒子排列而成的。如果希望行内元素具有块元素的某些特性，如可以设置宽高，或者需要块元素具有行内元素的某些特性，如不独占一行，则可以使用 display 属性转换元素的类型。格式如下。

```
display: inline| block| inline-block| none;
```

display 属性常用的属性值及含义如下。

* inline：行内元素，该值是行内元素的默认属性值。
* block：块元素，该值是块元素的默认属性值。

- inline-block：行内块元素，可以对其设置宽度、高度和对齐方式等属性，但是该元素不会独占一行。
- none：元素被隐藏，不显示。

例 5-3 在项目 chapter05 中再新建一个网页文件，制作水平导航条，文件名为 example03.html，浏览效果如图 5-5 所示。

微课 5-3：制作
水平导航条

图 5-5　水平导航条

操作步骤如下。

（1）搭建导航条结构

导航条也是一个盒子，首先要定义一个盒子，这里使用<nav>标记来表示该盒子，<nav>标记是HTML5 新增加的标记，表示导航部分。

网页结构代码如下。

```
<!DOCTYPE html>
<html>
 <head>
     <meta charset="utf-8">
     <title>水平导航条</title>
 </head>
<body>
    <nav>
        <ul class="navCon">
             <li><a href="#">网站首页</a></li>
             <li><a href="#">学院概况</a></li>
             <li><a href="#">新闻中心</a></li>
             <li><a href="#">机构设置</a></li>
             <li><a href="#">教学科研</a></li>
             <li><a href="#">团学在线</a></li>
             <li><a href="#">招生就业</a></li>
             <li><a href="#">公共服务</a></li>
             <li><a href="#">信息公开</a></li>
             <li><a href="#">统一信息门户</a></li>
        </ul>
    </nav>
 </body>
</html>
```

此时浏览网页，效果如图 5-6 所示。

在上述代码中，无序列表的内容都放入一个 nav 元素的盒子中，列表项垂直排列，超链接采用默认样式。

图 5-6　导航条结构

（2）定义导航条 CSS 样式

搭建页面结构后，使用 CSS 内部样式表设置页面各元素的样式，将该部分代码放入<head>和</head>标记之间，代码如下。

```
<style type="text/css">
body,ul,li{
    margin: 0;
    padding: 0;
    list-style: none;
}
body {
    background: url("images/bodybg.jpg");
    font-family: "微软雅黑";
    font-size: 14px;
}
a {
    text-decoration: none;
}
nav{                         /*导航条的样式*/
    background: rgb(28,75,169);
    margin: 50px auto;
    height: 42px;
    width: 100%;             /*宽度与浏览器宽度相同*/
}
.navCon{                     /*导航条中无序列表的样式*/
    margin: 0px auto;        /*内容在导航条中居中*/
    width: 1200px;
    height: 42px;
}
.navCon li {                 /*导航条中每个列表项的样式*/
    width: 120px;
    float: left;             /*设置每个列表项左浮动，使列表项水平排列*/
}
.navCon li a {               /*超链接文字的样式*/
    display: block;          /*使超链接元素转为块元素，从而可以设置宽度和高度*/
    width:120px;
    height: 42px;
    line-height: 42px;
    text-align: center;
```

```
    color:#FFF;
}
.navCon  li  a:hover {              /*鼠标指针悬停到超链接文字时的样式*/
    color: rgb(28,75,169);
    background:#FFF;
}
</style>
```

最后浏览网页，效果如图 5-5 所示。

在上述代码中，最关键的样式是设置列表项左浮动，使列表项水平排列。为了实现鼠标指针悬停时超链接为白底蓝字，设置了超链接元素为块元素，并设置了超链接元素的宽度、高度和背景颜色。该案例采用了网站制作中典型的导航条制作方法。

说 明　在上面的样式代码中，对列表项使用了浮动属性 float，该属性在后面的任务中还会详细介绍，这里只需了解即可。

5.3　任务实现

本节在前面例 5-3 的基础上创建一个带有下拉菜单的导航条。在项目 chapter05 中再新建一个网页文件，制作学院网站导航条，文件名为 nav.html，在文件中首先添加导航条内容，即结构，然后定义导航条元素的样式。

微课 5-4：任务
实现

5.3.1　搭建学院网站导航条结构

分析图 5-7 所示的学院网站导航条效果，该导航条由 10 个主菜单项及其子菜单项构成。主菜单项及其子菜单项使用无序列表的嵌套来构造，所有内容放入一个导航块中，再设置块中各元素及超链接的 CSS 样式。

图 5-7　学院网站导航条

打开新创建的文件 nav.html，搭建导航条结构，代码如下。

```
<!DOCTYPE html>
<html>
<head>
<meta charset="utf-8">
<title>学院网站导航条</title>
```

```html
</head>
<body>
    <nav>
        <ul class="navCon">
            <li><a href="#">网站首页</a></li>
            <li><a href="#">学院概况</a>
                <ul>
                    <li><a href="#">学院简介</a></li>
                    <li><a href="#">学院荣誉</a></li>
                    <li><a href="#">国家级示范性软件学院</a></li>
                    <li><a href="#">高技能人才培训基地</a></li>
                    <li><a href="#">办公电话</a></li>
                    <li><a href="#">联系方式</a></li>
                    <li><a href="#">视频宣传</a></li>
                </ul>
            </li>
            <li><a href="#">新闻中心</a>
                <ul>
                    <li><a href="#">学校要闻</a></li>
                    <li><a href="#">系部动态</a></li>
                    <li><a href="#">通知公告</a></li>
                </ul>
            </li>
            <li><a href="#">机构设置</a></li>
            <li><a href="#">教学科研</a>
                <ul>
                    <li><a href="#">教务管理系统</a></li>
                    <li><a href="#">精品课程</a></li>
                    <li><a href="#">教学辅助平台</a></li>
                    <li><a href="#">网络教学平台</a></li>
                </ul>
            </li>
            <li><a href="#">团学在线</a></li>
            <li><a href="#">招生就业</a>
                <ul>
                    <li><a href="#">招生信息网</a></li>
                    <li><a href="#">就业信息网</a></li>
                    <li><a href="#">空中乘务</a></li>
                </ul>
            </li>
            <li><a href="#">公共服务</a>
                <ul>
                    <li><a href="#">图书馆</a></li>
                    <li><a href="#">信息公开</a></li>
                    <li><a href="#">建行缴费</a>
                    </li>
                </ul>
```

```
            </li>
            <li><a href="#">信息公开</a></li>
            <li><a href="#">统一信息门户</a></li>
        </ul>
    </nav>
  </body>
</html>
```

在上述代码中，无序列表的内容都放入一个 nav 元素的盒子中，主菜单项和子菜单项使用了无序列表的嵌套结构。此时浏览网页，效果如图 5-8 所示。可以看到列表项垂直排列，超链接文字采用默认蓝色的、带有下画线的样式。

图 5-8　学院网站导航条结构

5.3.2　定义学院网站导航条 CSS 样式

搭建学院网站导航条结构后，使用 CSS 内部样式表定义页面各元素的样式，将该部分代码放入 <head> 和 </head> 标记之间，代码如下。

```
<style type="text/css">
body,ul,li{
    margin: 0;
    padding: 0;
    list-style: none;
}
body {
    background: url("images/bodybg.jpg");
    font-family: "微软雅黑";
    font-size: 14px;
}
a {
    text-decoration: none;
}
nav {
    width: 100%;
```

```
        height: 42px;
        background: rgb(28, 75, 169);
    }
    nav  .navCon {
        width: 1200px;
        height: 42px;
        margin: 0 auto;
        position: relative;          /* 相对定位 */
        z-index: 111;                        /* 导航条显示在最上面，不被其他内容遮盖 */
    }
    .navCon  li {                    /* 主菜单项的样式 */
        width: 120px;
        height: 42px;
        float: left;
        text-align: center;
    }
    .navCon  li  a {
        display: block;              /* 转换为块元素 */
        width: 120px;
        height: 42px;
        line-height: 42px;
        color: #FFF;
    }
    .navCon  li  ul {
        width: 150px;
        display: none;               /* 子菜单项不可见 */
    }
    .navCon  li:hover  ul {
        display: block;              /* 鼠标指针悬停到主菜单项时，子菜单项可见 */
    }
    .navCon  li  ul  li {            /* 子菜单项的样式 */
        background: rgb(28, 75, 169);
        width: 150px;
        height: 40px;
        line-height: 40px;
        border-top: 1px rgb(0, 52, 162) solid;
        text-align: center;
    }
    .navCon  li  ul  li  a {         /* 子菜单项超链接的样式 */
        display: block;              /* 转换为块元素 */
        width: 150px;
        height: 40px;
        text-align: center;
        color: rgb(255, 255, 255);
        line-height: 40px;
    }
</style>
```

浏览网页，效果如图 5-7 所示。

在上述代码中，最关键的样式是将子菜单项设为不可见，当鼠标指针悬停到主菜单项上时，再让子菜单项可见，这是一种比较简单的创建下拉菜单的方法。另外，也可以编写脚本代码实现下拉菜单效果。

> **说明** 在上面的样式代码中，对列表项使用了定位属性 position 和元素层叠顺序属性 z-index，这两个属性在后面的任务中还会详细介绍，这里只需了解即可。

任务小结

本任务围绕学院网站导航条的实现，介绍了无序列表和超链接的样式设置方法、元素的类型与类型转换等，最后综合利用所学知识实现了带有下拉菜单的导航条。本任务介绍的主要知识点如表 5-1 所示。

表 5-1　任务 5 的主要知识点

知识点	关键内容	说明
无序列表样式设置	list-style:none	去掉列表项的默认项目符号
超链接样式设置	a	定义未访问和访问后的超链接样式
	a:hover	定义鼠标指针悬停时的超链接样式
元素的类型	块元素： h1～h6、p、ul、ol、li、div 等	每个块元素占据一整行或多行，可以对其设置宽度、高度、对齐方式等属性
	行内元素： a、span、strong、ins、em、del 等	不单独占一行，行内元素一般不可以设置宽度、高度和对齐方式等属性
元素类型转换	display:block	转换为块元素
	display:inline-block	转换为行内块元素
	display:inline	转换为行内元素
	display:none	元素不可见

习题 5

一、单项选择题

1. 去掉无序列表的项目符号使用的属性是（　　　）。

    A）list-style:none　　　　B）list-type:none　　　　C）list-rel: none　　　　D）list-href:none

2. 用于设置鼠标指针悬停时超链接样式的是（　　　）。

    A）a:link　　　　B）a:visited　　　　C）a:hover　　　　D）a:active

3. 下列样式代码中，可以将块元素转换为行内元素的是（　　　）。

    A）display:none;　　　　　　　　　　　　B）display:block;

    C）display:inline-block;　　　　　　　　D）display:inline;

4. HTML5 中下面哪个元素可替代\<div id="nav"\>\</div\>标记来定义导航条？（　　　）

    A）nav　　　　B）header　　　　C）aside　　　　D）footer

5. \<span\>标记是网页布局中常见的标记，其元素类型为（　　　）。

    A）块级元素　　　　B）行内元素　　　　C）行内块元素　　　　D）浮动元素

6. 在 CSS 中，使用什么属性来定义元素的类型？（　　　）

    A）margin 属性　　　　B）padding 属性　　　　C）display 属性　　　　D）font 属性

二、判断题

1. 宽度属性 width 和高度属性 height 对块元素无效。（   ）
2. a 是一个行内元素。（   ）
3. div 是一个行内元素，span 是块元素。（   ）

微课 5-5：实训 5
参考步骤

实训 5

一、实训目的

掌握常见导航条的制作方法。

二、实训内容

1. 创建水平导航条，如图 5-9 所示，当鼠标指针悬停到导航项上时的效果
如图 5-10 所示。注意：导航条的背景颜色是渐变颜色。

图 5-9　第 1 题导航条浏览效果

图 5-10　第 1 题鼠标指针悬停到导航项时的效果

2. 制作垂直导航条，如图 5-11 所示，当鼠标指针悬停到导航项上时的效果如图 5-12 所示。

图 5-11　第 2 题导航条浏览效果

图 5-12　第 2 题鼠标指针悬停到导航项时的效果

三、实训总结

1. 什么情况下要把行内元素转换为块元素？
2. 如何让一个元素不可见？

四、拓展学习

上网浏览还有什么形式的导航条？思考它们的实现方法。

扩展阅读

网站导航的作用及注意事项

网站导航设计是网站设计中很重要的一部分。首先，网站的导航设计合理会大大提升用户的体验感，帮助用户快速找到自己所需的信息，有利于提高网站的用户转化率。其次，导航的设计会影响搜索引擎优化。在设计网站导航时要注意以下几点。

1．导航的易用性

在设计导航时，尽量做到简单易用，符合用户的使用习惯。导航是网站的指南，不是网站的主要内容，它的作用是引导用户快速查找网站内容。如果导航设计不合理，内容"藏"得太深，用户一时半会儿找不到所需内容，就可能很快离开你的网站。

2．导航的逻辑性

导航要有逻辑，条理要清晰，要能够引导用户查找信息，使用户通过主导航、次导航、分类导航等快速找到自己所需的内容。

3．导航的层次

搜索引擎能够顺着链接发现网站不同的页面，了解页面和页面之间的联系，进而对网页进行评级、收录、排名。导航目录不宜过深，从网站主页到最终页面的跳转不宜超过 3 次，这样既降低了搜索引擎"蜘蛛"爬行难度，也减少了用户单击次数。

任务6
制作学院新闻块

06

网页是由若干版块构成的，新闻块是网页中大量出现的版块。本任务制作学院网站中的学院新闻块，使用 HTML 标题标记、无序列表标记和图像标记等构建新闻块的内容，使用 CSS 定义新闻块的样式。通过本任务的实现，掌握新闻块的实现方法，能轻松制作网页中其他类似的版块。

学习目标：

※ 掌握元素的浮动属性的运用，能为元素设置和清除浮动；
※ 掌握元素的定位方式，会为元素进行不同类型的定位；
※ 掌握块元素间的外边距的计算方法；
※ 掌握新闻块的制作方法。

6.1 任务描述

制作学院新闻块，该块中上面是标题行，标题行下面的左侧是图像，右侧是新闻条目。使用 HTML 标记搭建新闻块中的内容，并设置相关元素的 CSS 属性，使浏览效果如图 6-1 所示。具体要求如下。

（1）学院新闻块的宽度 width 属性值为 698px，高度 height 属性值为 236px，块的背景颜色为白色。

（2）学院新闻块的边框为 1px 的灰色（#ccc）实线，上、下内边距各为 5px，左、右内边距各为 10px。

（3）标题行采用二级标题，标题行高度为 37px，文字大小为 14px，左侧图像为 head1.png，右侧"更多>>"是超链接文字。

（4）列表项均为超链接文字，所有文字采用微软雅黑字体，文字大小为 14px，文字颜色为灰色（#3c3c3c），行高为 31px，文字无下画线。列表项的项目符号图像为 icon.png。

（5）鼠标指针移到新闻条目文字时，文字颜色为蓝色 RGB(28, 75, 169)。

图 6-1 学院新闻块浏览效果

6.2 知识准备

复杂的新闻块中通常包含标题行、图像、新闻条目列表等内容，因此，较复杂的新闻块通常由一个盒子或多个盒子嵌套构成。构建大盒子及布局大盒子中的小盒子是网页设计中非常关键的内容。多个盒子嵌套构成一个大盒子时就涉及元素的浮动和定位等。

6.2.1 元素的浮动

从图 6-1 所示的学院新闻块可以看到，标题下面的内容分为左、右两部分，左侧和右侧需要分别定义一个块，这两个块呈水平排列。但默认情况下，网页中的块元素会以标准流的方式竖直排列，即块元素从上到下一一罗列，这时就需要设置元素的浮动属性，使块元素水平排列。

微课 6-1：元素
的浮动

1. 浮动属性

元素的浮动是指设置了浮动属性的元素会脱离标准流的控制，移动到指定位置。在 CSS 中，通过 float 属性设置左浮动或右浮动，格式如下。

```
选择器{float:left|right|none;}
```

> **说明** float 属性设为 left 或 right，可以使浮动元素向左或向右移动，直到它的外边框碰到父元素或另一个浮动元素的边框为止。若不设置 float 属性，则 float 属性默认为 none，即不浮动。

例 6-1 在 HBuilderX 中新建一个空项目，项目名称为 chapter06，在项目内新建 HTML 文件，在网页中定义两个盒子，文件名为 example01.html，代码如下。

```html
<!DOCTYPE html>
<html>
 <head>
    <meta charset="utf-8">
    <title>元素不浮动</title>
    <style type="text/css">
    .one {                    /*定义第一个盒子的样式*/
        width: 200px;
        height: 100px;
        background-color: #F00;
    }
    .two {                    /*定义第二个盒子的样式*/
        width: 200px;
        height: 100px;
        background-color: #0F0;
    }
    </style>
 </head>
 <body>
    <div class="one">第一个块</div>
    <div class="two">第二个块</div>
 </body>
</html>
```

浏览网页，效果如图 6-2 所示。

在例 6-1 中，两个盒子都没有设置 float 属性时，盒子自上而下排列，如图 6-2 所示。

若给每个盒子添加浮动属性：

```
float:left;
```

则此时浏览网页，效果如图 6-3 所示。可以看出，为两个盒子设置浮动属性后，盒子水平排列。

图 6-2　没有设置浮动时的效果

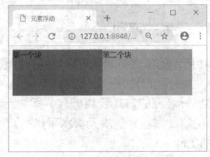

图 6-3　设置浮动时的效果

浮动元素不再占用原标准流的位置，它会对页面中其他元素的排版产生影响。下面举例说明。

例 6-2　在项目 chapter06 中再新建一个网页文件，在网页中定义两个盒子，在盒子下面显示一段文字，文件名为 example02.html，代码如下。

```html
<!DOCTYPE html>
<html>
 <head>
    <meta charset="utf-8">
    <title>元素不浮动</title>
    <style type="text/css">
    .one {                        /*定义第一个盒子的样式*/
        width: 200px;
        height: 100px;
        background-color: #F00;
    }
    .two {                        /*定义第二个盒子的样式*/
        width: 200px;
        height: 100px;
        background-color: #0F0;
    }
    </style>
    </head>
    <body>
    <div class="one">第一个块</div>
    <div class="two">第二个块</div>
    <p>默认情况下，网页中的块元素会以标准流的方式竖直排列，即块元素从上到下一 一罗列。但在网页
实际排版时，有时需要将块元素水平排列，这就需要为元素设置浮动属性。 </p>
    </body>
    </html>
```

浏览网页，效果如图 6-4 所示。

可以看出，此时网页中的元素按标准流的方式自上而下排列。若给两个盒子都添加浮动属性：

```
float:left;  /*设置左浮动*/
```

则会形成文字与块环绕的效果，如图 6-5 所示。

2. 清除浮动

若要使图 6-5 所示段落的文字按原标准流的方式显示，即不受前面浮动元素的影响，则需要对段落元素清除浮动。在 CSS 中，使用 clear 属性清除浮动，格式如下。

`选择器{clear:left|right|both;}`

继续在例 6-2 的代码中添加如下样式代码。

`p{clear:both;}` `/*清除浮动的影响*/`

此时浏览网页，效果如图 6-6 所示。

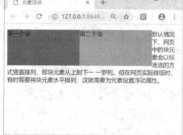

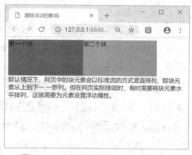

图 6-4 不设置浮动时的效果   图 6-5 段落文字与块环绕的效果   图 6-6 对段落清除浮动后的效果

例 6-3 在项目 chapter06 中再新建一个网页文件，在网页中定义一个大盒子，大盒子包含两个小盒子，文件名为 example03.html，代码如下。

```
<!DOCTYPE html>
<html>
 <head>
    <meta charset="utf-8">
    <title>大盒子包含小盒子</title>
    <style type="text/css">
    .box {                          /*定义大盒子的样式，不设置高度*/
        width: 450px;
        background: #FF0;
    }
    .one {                          /*定义小盒子的样式*/
        width: 200px;
        height: 100px;
        background-color: #F00;
        float: left;                /*设置左浮动*/
        margin: 10px;
```

```
    }
    .two {                              /*定义小盒子的样式*/
        width: 200px;
        height: 100px;
        background-color: #0F0;
        float: left;                    /*设置左浮动*/
        margin: 10px;
    }
    </style>
    </head>
    <body>
    <div class ="box">
      <div class="one">第一个块</div>
      <div class="two">第二个块</div>
    </div>
 </body>
</html>
```

浏览网页，效果如图 6-7 所示。

从图 6-7 可以看出，此时没有父元素。也就是说子元素设置浮动属性后，由于父元素没有设置高度，受子元素浮动的影响，父元素没有显示。

因为子元素和父元素为嵌套关系，不存在左右位置关系，所以使用 clear 属性并不能清除子元素浮动对父元素的影响。那么如何使父元素适应子元素的高度并显示呢？最简单的方法是使用 overflow 属性清除浮动影响，给大盒子的样式添加下面一行代码。

```
overflow:hidden;  /*清除浮动影响，使父元素适应子元素的高度*/
```

此时浏览网页，效果如图 6-8 所示。

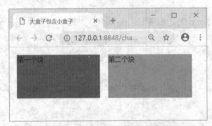

图 6-7　子元素浮动对父元素的影响

图 6-8　使用 overflow 属性清除浮动影响

从图 6-8 中可以看出黄色背景的父元素已经显示，说明父元素被子元素撑开，即子元素浮动对父元素的影响已经被清除。

6.2.2　元素的定位

微课 6-2：元素
的定位

元素的定位需要先设置 position 属性确定元素的定位方式，再结合 left、top 等坐标属性确定元素的位置。

1. 元素的定位属性

（1）定位方式

在 CSS 中，position 属性用于定义元素的定位方式，格式如下。

```
选择器{position:static|relative|absolute|fixed;}
```

说明
① static：静态定位，默认定位方式。
② relative：相对定位，相对于其原标准流的位置进行定位。
③ absolute：绝对定位，相对于其上一个已经定位的父元素进行定位。
④ fixed：固定定位，相对于浏览器窗口进行定位。

（2）确定元素位置

position 属性仅用于定义元素以哪种方式定位，并不能确定元素的具体位置。在 CSS 中，通过 left、right、top、bottom 这 4 个坐标属性来精确定位元素的位置。

① left：定义元素相对于其父元素左边缘的距离。

② right：定义元素相对于其父元素右边缘的距离。

③ top：定义元素相对于其父元素上边缘的距离。

④ bottom：定义元素相对于其父元素下边缘的距离。

2. 定位类型

元素的定位方式包括静态定位、相对定位、绝对定位和固定定位，下面分别进行介绍。

（1）静态定位

静态定位（static）是元素的默认定位方式，各个元素按照标准流（包括浮动方式）进行定位。在静态定位状态下，无法通过 left、right、top、bottom 这 4 个属性来改变元素的位置。

例 6-4　演示静态定位。在项目 chapter06 中再新建一个网页文件，在网页中定义一个大盒子，大盒子包含 3 个小盒子，文件名为 example04.html，代码如下。

```html
<!DOCTYPE html>
<html>
<head>
    <meta charset="utf-8">
    <title>静态定位</title>
    <style type="text/css">
    .box {                          /*定义大盒子的样式*/
        width: 200px;
        height: 200px;
        background: #CCC;
    }
    .one, .two, .three {            /*定义 3 个小盒子的样式*/
        width: 50px;
        height: 50px;
        background-color:#aaffff;
        border: 1px solid #333;
    }
    </style>
</head>
<body>
<div class="box">
  <div class="one">one</div>
  <div class="two">two</div>
  <div class="three">three</div>
</div>
</body>
</html>
```

浏览网页，效果如图 6-9 所示。

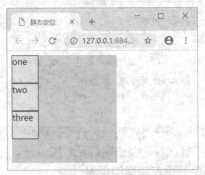

图 6-9　静态定位效果

图 6-9 中的所有元素都采用静态定位，即按标准流的方式定位。

（2）相对定位

采用相对定位（relative）的元素会相对于自身原本的位置，通过偏移指定的距离到达新的位置。其中，水平方向的偏移量由 left 或 right 属性指定；竖直方向的偏移量由 top 和 bottom 属性指定。

例 6-5　演示相对定位。在项目 chapter06 中再新建一个网页文件，在网页中定义一个大盒子，大盒子包含 3 个小盒子，对第二个盒子进行相对定位，文件名为 example05.html，代码如下。

```html
<!DOCTYPE html>
<html>
<head>
    <meta charset="utf-8">
    <title>相对定位</title>
    <style type="text/css">
    .box {                          /*定义大盒子的样式*/
        width: 200px;
        height: 200px;
        background: #CCC;
    }
    .one, .two, .three {            /*定义 3 个小盒子的样式*/
        width: 50px;
        height: 50px;
        background-color:#aaffff;
        border: 1px solid #333;
    }
    .two {
        position: relative;         /*设置相对定位*/
        left: 50px;                 /* 相对于原来的位置水平偏移 50px */
        top: 30px;                  /* 相对于原来的位置垂直偏移 30px */
    }
    </style>
</head>
<body>
<div class="box">
  <div class="one">one</div>
  <div class="two">two</div>
  <div class="three">three</div>
</div>
</body>
</html>
```

浏览网页，效果如图 6-10 所示。

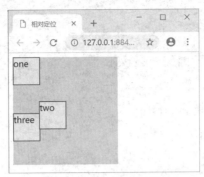

图 6-10　相对定位效果

在图 6-10 中，第二个子元素采用相对定位，可以看出该元素相对于其自身原来的位置，向下和向右分别偏移了 30px 和 50px，它在标准流中原来的位置仍然保留。

 注意　相对定位的元素在标准流中原来的位置仍然保留。

（3）绝对定位

采用绝对定位（absolute）的元素是依据其最近的已经定位（相对或绝对定位）的父元素进行定位的，若所有父元素都没有定位，则依据 body 元素（浏览器窗口）进行定位。

例 6-6　演示绝对定位。在项目 chapter06 中再新建一个网页文件，在网页中定义一个大盒子，大盒子包含 3 个小盒子，对第二个盒子进行绝对定位，文件名为 example06.html，代码如下。

```html
<!DOCTYPE html>
<html>
<head>
    <meta charset="utf-8">
    <title>绝对定位</title>
    <style type="text/css">
    .box {                       /*定义大盒子的样式*/
        width: 200px;
        height: 200px;
        background: #CCC;
        position: relative;      /*对父元素设置相对定位*/
    }
    .one, .two, .three {         /*定义 3 个小盒子的样式*/
        width: 50px;
        height: 50px;
        background-color:#aaffff;
        border: 1px solid #333;
    }
    .two {
        position: absolute;      /*设置绝对定位*/
        left: 50px;              /* 相对于父元素的左边缘水平偏移 50px */
        top: 30px;               /* 相对于父元素的上边缘垂直偏移 30px */
    }
```

```
    </style>
    </head>
    <body>
    <div class="box">
        <div class="one">one</div>
        <div class="two">two</div>
        <div class="three">three</div>
    </div>
  </body>
</html>
```

浏览网页，效果如图 6-11 所示。

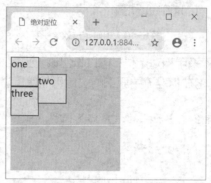

图 6-11　绝对定位效果

在例 6-6 中，对父元素设置相对定位，但不对其设置偏移量，同时，对子元素 two 设置绝对定位，并通过 right 和 bottom 属性设置其精确位置。这种方法在实际网页制作中经常使用。如果在例 6-6 中去掉对 box 盒子的 position:relative 属性的设置，那么子元素 two 将依据浏览器窗口进行定位。

注意　采用绝对定位的元素将从标准流中脱离，不再占用标准流中的空间。

（4）固定定位

固定定位（fixed）是绝对定位的一种特殊形式，它总是以浏览器窗口作为参照物来定位网页元素。当对元素设置固定定位后，它将脱离标准流的控制，始终依据浏览器窗口来定位元素，总是显示在浏览器窗口中的固定位置。

例如，下面的代码就将二维码图片固定定位在浏览器窗口中的右侧，位置不变。

```
<img style="position:fixed;right:0;top:200px; z-index:999;width:100px;" src=
"images/ewm.png" />
```

该行代码还用到了 z-index 属性，下面对该属性进行介绍。

3. z-index 属性

当对多个元素设置定位属性时，定位元素有可能发生重叠。要想调整定位元素的层叠顺序，可以对定位元素应用 z-index 属性，其取值可为正整数、负整数和 0。z-index 的默认属性值为 0，取值越大，定位元素在层叠元素中越居上。

注意　z-index 属性仅对定位元素有效。

6.2.3 块元素间的外边距

网页中的块元素水平或竖直排列时，元素之间往往都有一定的间隔，其间隔
的距离是由元素的外边距决定的。块元素间的垂直外边距和水平外边距计算方式
是不同的，下面详细说明。

微课 6-3：块元素
间的外边距

1. 块元素间的垂直外边距

当上下相邻的两个块元素相遇时，如果上面的元素有下外边距 margin-bottom，
下面的元素有上外边距 margin-top，则它们之间的垂直外边距不是两者之和，而是
两者中的较大者。下面举例说明。

例 6-7　在项目 chapter06 中再新建一个网页文件，在网页中定义两个块，并设置它们的外边距，
文件名为 example07.html，代码如下。

```html
<!DOCTYPE html>
<html>
<head>
    <meta charset="utf-8">
    <title>块元素间的垂直外边距</title>
    <style type="text/css">
    .one{
        width:200px;
        height:100px;
        background:#F00;
        margin-bottom:10px;      /*定义第一个块的下外边距*/
    }
    .two{
        width:200px;
        height:100px;
        background:#0F0;
        margin-top:30px;          /*定义第二个块的上外边距*/
    }
    </style>
</head>
<body>
<div class="one">第一个块</div>
<div class="two">第二个块</div>
</body>
</html>
```

浏览网页，效果如图 6-12 所示。

图 6-12　块元素间的垂直外边距

在例 6-7 中定义了第一个块的下外边距为 10px，定义了第二个块的上外边距为 30px，此时两个块的垂直间距是 30px，即 margin-bottom 和 margin-top 中的较大者。

2. 块元素间的水平外边距

当两个相邻的块元素水平排列时，如果左边的元素有右外边距 margin-right，右边的元素有左外边距 margin-left，则它们之间的水平外边距是两者之和。下面举例说明。

例 6-8　在项目 chapter06 中再新建一个网页文件，在网页中定义两个块，并设置它们的外边距，文件名为 example08.html，代码如下。

```html
<!DOCTYPE html>
<html>
<head>
    <meta charset="utf-8">
    <title>块元素间的水平外边距</title>
    <style type="text/css">
    .one{
    width:200px;
    height:100px;
    background:#F00;
    float:left;                /*设置块左浮动*/
    margin-right:10px;         /*定义第一个块的右外边距*/
    }
    .two{
    width:200px;
    height:100px;
    background:#0F0;
    float:left;                /*设置块左浮动*/
    margin-left:30px;          /*定义第二个块的左外边距*/
    }
    </style>
</head>
<body>
<div class="one">第一个块</div>
<div class="two">第二个块</div>
</body>
</html>
```

浏览网页，效果如图 6-13 所示。

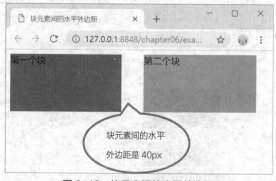

图 6-13　块元素间的水平外边距

微课 6-4：创建
学院网站中的
一行

例 6-8 中定义了第一个块的右外边距为 10px，定义了第二个块的左外边距为 30px，此时两个块的水平外边距是 40px，即 margin-right 和 margin-left 之和。

例 6-9　在项目 chapter06 中再新建一个网页文件，创建学院网站中的一行，文件名为 example09.html，浏览效果如图 6-14 所示。

图 6-14　学院网站中的一行

操作步骤如下。

（1）搭建行的结构

分析图 6-14 所示的页面效果，该行由 3 个块组成。每个块中有标题和若干超链接文字。因此需要定义一个大块，在大块中再定义 3 个子块，每个子块中的标题文字使用标记<h2>，超链接文字使用<a>标记。

打开前面创建的文件 example09.html，添加页面结构，代码如下。

```
<!DOCTYPE html>
<html>
<head>
    <meta charset="utf-8">
    <title>学院网站中的一行</title>
</head>
<body>
    <div id="row">
        <div class="rowL">
            <h2>教学系部</h2>
            <div class="cont">
                <a href="#" target="_blank">电子与通信系</a>
                <a href="#" target="_blank">软件与大数据系</a>
                <a href="#" target="_blank">数字媒体系</a>
                <a href="#" target="_blank">智能制造系</a>
                <a href="#" target="_blank">现代服务系</a>
                <a href="#" target="_blank">经济与管理系</a>
                <a href="#" target="_blank">基础教学部</a>
                <a href="#" target="_blank">士官学院</a>
            </div>
        </div>
        <div class="rowM">
            <h2>专题站点</h2>
            <div class="cont">
```

```
                      <a href="#" target="_blank">信院文明网</a>
                      <a href="#" target="_blank">语言文字工作专题</a>
                      <a href="#" target="_blank">教学辅助平台</a>
                      <a href="#" target="_blank">人才培养数据采集</a>
                      <a href="#" target="_blank">省级品牌专业群</a>
                </div>
        </div>
        <div class="rowM">
                <h2>热点导航</h2>
                <div class="cont">
                      <a href="#" target="_blank">党史学习</a>
                      <a href="#" target="_blank">精品课程</a>
                      <a href="#" target="_blank">教务管理系统</a>
                      <a href="#" target="_blank">特色专业</a>
                      <a href="#" target="_blank">教学团队</a>
                      <a href="#" target="_blank">空中乘务</a>
                </div>
        </div>
    </div>
</body>
</html>
```

在上述代码中，3 个子块的类选择器名称为.rowL 和.rowM，第二个子块和第三个子块的类选择器名称都是.rowM，这是因为这两个子块的样式是完全一样的，所以应用相同的类样式。此时浏览网页，效果如图 6-15 所示。

图 6-15　学院网站中的一行的结构

（2）定义行的 CSS 样式

搭建页面结构后，使用 CSS 内部样式表设置页面各元素的样式，将该部分代码放入<head>和</head>标记之间，代码如下。

```
<style type="text/css">
body,h2 {
    margin: 0;
    padding: 0;
}
body {
```

```
        font-family: "微软雅黑";
        font-size: 14px;
        color: #000;
        background: url(images/bodybg.jpg);
    }
    a {
        text-decoration: none;
    }
    #row {                              /* 大块的样式 */
        width: 1200px;
        height: 120px;
        margin: 20px auto;
    }
    .rowL,.rowM {                       /* 3 个子块的样式同时设置 */
        width: 374px;
        height: 120px;
        border: 1px solid #ccc;
        border-left: 3px solid #1c4ba9; /* 左边框 */
        float: left;                    /* 左浮动 */
        padding-left: 10px;
        background: #FFF;
    }
    .rowM {
        margin-left: 18px;              /* 第二个子块和第三个子块的左外边距 */
    }
    #row h2 {
        width: 374px;
        height: 40px;
        line-height: 40px;
        color: #1c4ba9;
        font-size: 24px;
        font-weight: normal;
    }
    .cont a {
        line-height: 26px;
        color: #666;
    }
    .cont a:hover {
        color: #1c4ba9;
    }
</style>
```

最后浏览网页，效果如图 6-14 所示。

在上述代码中，3 个子块同时设置左浮动，使它们水平排列；3 个子块占有的实际总宽度是 1200px，即每个子块的 width 属性值、边框、内边距、外边距之和是 1200px，若超出这个宽度，则第三个子块会显示在下一行。因此在书写 CSS 样式代码时，盒子的宽度、高度和边框等属性值都是精确计算出来的，这是需要特别注意的地方。

例 6-10　在项目 chapter06 中再新建一个网页文件，创建简单的学院新闻块，文件名为 example10.html，浏览效果如图 6-16 所示。

微课 6-5：制作
简单新闻块

图 6-16　简单的学院新闻块

操作步骤如下。

（1）搭建学院新闻块结构

分析图 6-16 所示的学院新闻块效果，该块主要由标题和列表文字组成，所有文字内容放入一个块中。标题文字使用标记<h2>标记，列表文字使用<ul>无序列表标记。因此，在页面中使用<div>标记定义一个块，将标题和列表内容放入块中。

打开前面创建的文件 example09.html，添加页面结构，代码如下。

```
<!DOCTYPE html>
<html>
<head>
    <meta charset="utf-8">
    <title>学校要闻</title>
</head>
<body>
    <div class="news">
        <h2>学校要闻<span class="eng">¦¦  College News</span><span></span></h2>
        <ul class="content">
            <li><span>2021-04-09</span><a href="newsDetail.html" title="学校联合发起成立软件行业产教联盟" target="_blank">学校联合发起成立软件行业产教联盟</a></li>
            <li><span>2021-04-08</span><a href="#" title="学校"四个推进"掀起党史学习教育热潮" target="_blank">学校"四个推进"掀起党史学习教育热潮</a></li>
            <li><span>2021-04-02</span><a href="#" title="学校召开2021年度体育工作会议" target="_blank">学校召开2021年度体育工作会议</a></li>
            <li><span>2021-04-01</span><a href="#" title="我校举行"铭记历史 缅怀先烈"清明节祭扫先烈活动" target="_blank">我校举行"铭记历史 缅怀先烈"清明节祭扫先烈活动</a></li>
            <li><span>2021-03-30</span><a href="#" title="中国工业互联网研究院来我校交流访问" target="_blank">中国工业互联网研究院来我校交流访问</a></li>
            <li><span>2021-03-30</span><a href="#" title="学校召开党务干部业务培训会议" target="_blank">学校召开党务干部业务培训会议</a></li>
        </ul>
    </div>
</body>
</html>
```

在上述代码中，标题和列表的内容都放入一个类选择器为.news 的盒子中。此时浏览网页，效果如图 6-17 所示。

图 6-17　学院新闻块结构

（2）定义学院新闻块的 CSS 样式

搭建页面结构后，使用 CSS 内部样式表设置页面各元素的样式，将该部分代码放入<head>和
</head>标记之间，代码如下。

```css
<style type="text/css">
body,h2,ul,li {                         /*设置元素的初始属性*/
    margin: 0;
    padding: 0;
    list-style: none;                   /*去掉列表项默认的项目符号*/
}
body {
    background: url("images/bodybg.jpg");/*背景图像默认是平铺的*/
    font-family: "微软雅黑";
    font-size: 14px;
    color: #000;
}
a {                                     /*设置超链接文字的样式*/
    text-decoration: none;              /*去掉超链接文字的下画线*/
}
.news {                                 /*设置块的样式*/
    background: #FFF;
    border: 1px solid #ccc;
    width: 458px;
    height: 228px;
    padding: 5px 10px;
    margin: 20px auto;
}
.news h2 {                              /*设置标题的样式*/
    background: url(images/head1.png) no-repeat left center;
    width: 448px;
    height: 37px;
    line-height: 37px;
    color: #FFF;
    font-size: 16px;
    padding-left: 10px;
    border-bottom: 1px solid #ccc;      /*添加标题下方的水平线*/
}
.news h2 .eng {                         /*设置标题中英文文字的样式*/
    color: #737373;
    padding-left: 50px;
    font-weight: normal;
```

```
    }
    .news  .content {
        width: 458px;
        height: 190px;                          /*高度是块的高度减去标题的高度，即 228px-38px*/
    }
    .news  .content li {
        width: 443px;                           /*宽度是 458px-15px*/
        height: 31px;
        line-height: 31px;
        background: url("images/icon.png") no-repeat left center;  /*设置列表项的项目符号*/
        padding-left: 15px;
    }
    .news  .content li  a {
        color: #333;                            /*设置超链接文字的颜色*/
        display: block;                         /*转换为块元素*/
        width: 320px;
        white-space: nowrap;                    /*文本不换行*/
        overflow: hidden;                       /*溢出部分将隐藏*/
        text-overflow: ellipsis;                /*溢出内容显示为省略号*/
    }
    .news  .content li  a:hover {
        color:#1c4ba9;                          /*设置鼠标指针悬停到超链接文字时的颜色*/
    }
    .news  .content li span {                   /*设置列表项中日期的样式*/
        color: #737373;
        font-size: 11px;
        float: right;                           /*使日期显示在列表项的右边*/
    }
</style>
```

最后浏览网页，效果如图 6-16 所示。

在上述样式代码中，通过设置列表项的背景图像，给列表项添加了自定义的项目符号；设置列表项的超链接文字为固定宽度，超出宽度的内容显示为省略号；设置日期右浮动，使日期在列表项的右侧显示。这些都是在制作新闻块时经常使用的方法。

微课 6-6：任务实现

6.3 任务实现

本节在前面例 6-10 的基础上再创建一个更复杂的学院新闻块。在项目 chapter06 中再新建一个网页文件，制作学院新闻块，文件名为 imnews.html，在文件中首先添加新闻块内容，即结构，然后定义块及块中元素的样式。

6.3.1 搭建学院新闻块页面结构

分析图 6-1 所示的学院新闻块效果，需要定义一个大块，在大块中包含标题行和下面左、右两个子块，左边的子块存放图像和下面的文字，右边的子块存放无序列表，学院新闻块的构成如图 6-18 所示。

图 6-18 学院新闻块构成

打开新创建的文件 imnews.html，添加学院新闻块结构，代码如下。

```
<!DOCTYPE html>
<html>
<head>
<meta charset="utf-8">
<title>学院新闻块</title>
</head>
<body>
    <div class="imnews">
            <h2>学校要闻<span class="eng">¦¦  College News</span><span><a class=
"more" href="#" target="_blank">更多&gt;&gt;</a></span></h2>
            <div class="newsimg">
                <img src="images/jiaoliu.jpg" width="240px" height="130px;" alt="">
                <p class="txt"><a href="#" title="中国工业互联网研究院来我校交流访问"
target="_blank">中国工业互联网研究院来我校交流访问</a></p>
            </div>
            <div class="content">
                <ul>
                    <li><span>2021-04-09</span><a href="#" title="学校联合发起成立软
件行业产教联盟" target="_blank">学校联合发起成立软件行业产教联盟</a></li>
                    <li><span>2021-04-08</span><a href="#" title="学校"四个推进"掀
起党史学习教育热潮" target="_blank">学校"四个推进"掀起党史学习教育热潮</a></li>
                    <li><span>2021-04-02</span><a href="#" title="学校召开 2021 年度
体育工作会议" target="_blank">学校召开 2021 年度体育工作会议</a></li>
                    <li><span>2021-04-01</span><a href="#" title="我校举行"铭记历史
缅怀先烈"清明节祭扫先烈活动" target="_blank">我校举行"铭记历史 缅怀先烈"清明节祭扫先烈活动
</a></li>
                    <li><span>2021-03-30</span><a href="#" title="中国工业互联网研究
院来我校交流访问" target="_blank">中国工业互联网研究院来我校交流访问</a></li>
                    <li><span>2021-03-30</span><a href="#" title="学校召开党务干部业
务培训会议" target="_blank">学校召开党务干部业务培训会议</a></li>
                </ul>
            </div>
        </div>
```

```
</body>
</html>
```

在上述代码中，最外层的大块包含了<h2>标题行、类选择器为.newsimg 的子块和类选择器为.content 的子块。此时浏览网页，效果如图 6-19 所示。

图 6-19 学院新闻块结构

6.3.2 定义学院新闻块 CSS 样式

搭建学院新闻块结构后，使用 CSS 内部样式表设置页面各元素样式，将该部分代码放入<head>和</head>标记之间，代码如下。

```
<style type="text/css">
body,ul,li,p,h2 {
    margin: 0;
    padding: 0;
    border: 0;
}
ul,li {
     list-style: none;
}
body {
    font-family: "微软雅黑";
    font-size: 14px;
    color: #000;
    background: url(images/bodybg.jpg);
}
a {
    text-decoration: none;
}
.imnews {                       /* 大块的样式 */
    width: 698px;
    height: 236px;
    border: 1px solid #ccc;
    background: #fff;
    padding: 5px 10px;          /* 上、下内边距各为 5px，左、右内边距各为 10px */
    margin: 20px auto;
}
.imnews  h2 {                   /* 标题行的样式 */
```

```
        background: url(images/head1.png) no-repeat left center;  /* 添加左侧的图像 */
        width: 688px;
        height: 37px;
        line-height: 37px;
        color: #FFF;
        padding-left: 10px;        /* 文字向右移动 10px */
        font-size: 14px;
        border-bottom: 1px solid #ccc;
        position: relative;        /* 相对定位 */
}
.imnews  h2  .eng {                /* 标题行中英文文字的样式 */
        color: #737373;
        font-size: 14px;
        padding-left: 50px;        /* 离开左侧文字 50px */
        font-weight: normal;
}
.imnews  h2  .more {               /* "更多"文字的样式 */
        color: #a0a0a0;
        font-size: 12px;
        font-weight: normal;
        position: absolute;        /* 绝对定位 */
        top: 0;
        right: 0px;
}
.imnews  h2  .more:hover {
        color: red;
}
.imnews  .newsimg {                /* 左侧子块的样式 */
        width: 240px;
        height: 173px;
        float: left;               /* 左浮动 */
        padding-top: 25px;
}
.txt {
        width: 240px;
        height: 20px;
        line-height: 20px;
        padding-top: 5px;
        font-size: 12px;
        text-align: center;
}
.txt a {
        color: #900;
}
.content {                         /* 右侧子块的样式 */
        width: 438px;
        height: 188px;
        padding-left: 20px;
        padding-top: 10px;
        float: left;               /* 左浮动 */
}
.content  ul {
```

```
        width: 438px;
        height: 188px;
    }
    .content ul li {
        width: 423px;
        height: 30px;
        line-height: 30px;
        background: url("images/icon.png") no-repeat left center;
        padding-left: 15px;
    }
    .content ul li a {
        float: left;                    /* 左浮动 */
        color: #3c3c3c;
        display: block;                 /* 转换为块元素 */
        width: 320px;
        white-space: nowrap;            /* 文本不换行 */
        overflow: hidden;               /* 溢出内容隐藏 */
        text-overflow: ellipsis;        /* 超出宽度的内容用省略号表示 */
    }
    .content ul li a:hover {
        color: #1c4ba9;
    }
    .content ul li span {
        color: #a0a0a0;
        font-size: 11px;
        float: right;                   /* 右浮动，使日期显示在右边 */
    }
</style>
```

浏览网页，效果如图 6-1 所示。

在上述样式代码中，标题行中的"更多"使用了绝对定位，使其显示到标题行的最右端；标题行下面的两个子块设置了左浮动，使其水平排列。另外，需要特别注意的是，块的实际宽度为 margin、padding、border 和 width 的总和，因此在设置无序列表和列表项的宽度时要精确计算，不要超出其容器的宽度。

任务小结

本任务围绕学院新闻块的制作，介绍了元素的浮动与定位、元素间的外边距等内容。在网站建设中，元素的浮动与定位是非常重要也是比较难的部分，请同学们一定要多多练习，加深理解。本任务介绍的主要知识点如表 6-1 所示。

表 6-1　任务 6 的主要知识点

知识点	包含内容	举例与说明
元素的浮动	float 属性	.one{float:left;}
清除浮动的影响	clear 属性：清除前面元素浮动对后面元素的影响	p{clear:both;}
	overflow 属性：清除子元素浮动对父元素的影响并能将溢出内容隐藏	.box{overflow:hidden;}

续表

知识点	包含内容	举例与说明
定位类型	静态定位（static）	按标准流方式定位，是定位类型的默认值
	相对定位（relative）	相对于自身原本的位置，通过偏移指定的距离到达新的位置，与 left、top、right、bottom 等属性配合使用
	绝对定位（absolute）	依据最近的已经定位（相对或绝对定位）的父元素进行定位，与 left、top、right、bottom 等属性配合使用。若所有父元素都没有定位，则依据 body 元素（浏览器窗口）进行定位
	固定定位（fixed）	依据浏览器窗口来定位元素，元素总是显示在浏览器窗口中的固定位置，与 left、top、right、bottom 等属性配合使用
设置定位元素的层叠顺序	z-index:数值	取值越大，定位元素在层叠元素中越居上，默认数值为 0
块元素间的外边距	垂直外边距	两个元素中外边距的较大值
	水平外边距	两个元素外边距之和

习题 6

一、单项选择题

1. position 属性用于定义元素的定位类型，下列选项中不属于 position 属性常用属性取值的是（　　）。

A）static B）relative C）absolute D）visible

2. 下列样式代码中，不能够设置元素定位类型的是（　　）。

A）position: auto; B）position: fixed;

C）position: absolute; D）position: relative;

3. 下列样式代码中，可对元素进行绝对定位的是（　　）。

A）.special{ position: relative;}

B）.special{ position: absolute; top:20px; left:16px;}

C）.special{ position: fixed;; top:20px; left:16px;}

D）.special{ position: static;}

二、判断题

1. 当两个相邻的块元素水平排列时，如果左边的元素有右外边距 margin-right，右边的元素有左外边距 margin-left，则它们之间的水平外边距是两者之和。（　　）

2. 当上下相邻的两个块元素相遇时，如果上面的元素有下外边距 margin-bottom，下面的元素有上外边距 margin-top，则它们之间的垂直外边距不是两者之和，而是两者中的较大者。（　　）

3. 页面上定义的两个盒子都没有设置 float 属性时，盒子会水平排列。（　　）

4. 父元素包含的子元素设置浮动后，若父元素没有设置高度，则受子元素浮动的影响，父元素将不显示。（　　）

5. 绝对定位是指对元素依据浏览器窗口进行定位。（　　　）

6. 在 CSS 中，可以通过 position 属性为元素设置浮动。（　　　）

7. z-index 属性用于调整定位元素的层叠顺序。（　　　）

8. 在静态定位状态下，无法通过坐标属性（top、bottom、left 或 right）改变元素的位置。（　　　）

实训 6

微课 6-7：实训 6
参考步骤

一、实训目的

1. 掌握元素的浮动与定位属性。

2. 掌握新闻块的实现方法。

二、实训内容

1. 根据提供的素材制作通知公告块，如图 6-20 所示。具体要求如下。

（1）块的实际宽度为 462px，高度为 280px。

（2）标题文本背景颜色为蓝色（#1a4aa7）。

（3）新闻列表条目的超链接文字采用微软雅黑字体，文字大小为 14px，文字颜色为灰色（#666），无下画线。

（4）鼠标指针移到列表条目文字时文字颜色为蓝色（#1a4aa7）。

2. 创建新年快乐网页，在网页上使用 div 元素创建一个大盒子，在大盒子中定义 4 个小盒子。将大盒子的背景设置为本书提供的素材中的图片，每个小盒子分别显示"新年快乐"中的一个字，将小盒子设置为绝对定位并放置在大盒子的 4 个角，浏览效果如图 6-21 所示。

图 6-20　第 1 题页面浏览效果

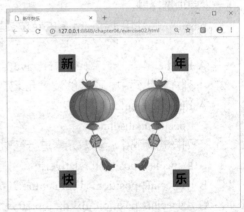

图 6-21　第 2 题页面浏览效果

三、实训总结

1. 为何要设置盒子的浮动属性？

2. 元素的定位方式有几种？各自有何区别？

四、拓展学习

在 6.2.1 中已经提到过 overflow 属性，设置父元素的属性值为"hidden"时，可以清除子元素浮动对父元素的影响，使父元素的高度适应子元素的高度。但该属性另外的作用是规范元素内溢出的内容。通过 CSS3 手册查询 overflow 属性，学习如何设置相应的值来对溢出内容进行控制。

扩展阅读

网页文字排版

网页中的文字内容一般占据了较大的比例，做好文字排版对增强网页的视觉效果有至关重要的作用。良好的文字排版能有效提升内容的可读性和易读性。网页文字排版时需注意如下问题。

1. 文字大小

打开网页后，有时会遇到显示文字太大或太小、看起来不方便的情况。网页设计时字号要精准明确，一般采用 12px、14px、16px、18px 等偶数字号。设计时还需要有主次之分，运用主次关系引导用户了解文字的重点，比如先看标题，再看内容提要，最后看正文。

2. 文字的行高

控制文字的行高有利于提升用户阅读效率，也有利于网页段落的布局，影响网站整体的风格。正常情况下，行间距应该是文本高度的 30%，这样能够确保视觉上的清晰。这样的布局能够让文本转化为用户更容易消化的内容，剥离无关的细节。

3. 文字的行宽

每行文本的字数影响着内容的可读性。通过研究发现以下内容。

如果你想让用户拥有良好的阅读体验，则将每行文字控制在 30 个字左右能够让你的内容拥有恰到好处的可读性。文本太短，用户需要频繁扫视，会打破阅读的节奏；文本太长，扫视范围过广，用户很难持续保持高专注度的阅读。在移动端，每行文字控制在 15~20 个字符合目前的用户使用习惯。

4. 字体的种类

网站的页面在排版设计时，运用的字体种类不要过多，因为使用多种字体会造成视觉混乱，字体应控制在 2~3 种。

5. 对比

对比是网页文字排版设计最值得注意的几个要素之一。常见的对比如下。

（1）文字颜色与背景颜色对比

正文文本与背景的适当对比可以提高文字的清晰度，产生强烈的视觉效果。如在浅色的背景上使用深色的文字（或者相反），既将文字内容清晰衬托出来，又使文字内容具有很强的视觉冲击力。

（2）标题与正文对比

标题与正文两种文字样式的对比让文字内容富有层次，很容易吸引用户，比如标题使用 20px 的微软雅黑字体，正文使用 14px 的宋体。

（3）文字颜色对比

主要文字和普通文字颜色不同，可增强视觉效果，突出重点内容。

优秀的网页文字排版会让内容清晰直观地传达出来，并且最终让用户轻松了解其中的内容。经常浏览各种图文排版不错的网站会带来不同的排版灵感。用心学习优秀网站的排版方法并学以致用，会让你设计的网站更加多彩。

任务7
制作学生信息表

表格是 HTML 网页的重要元素，利用表格可以有条理地显示网页内容。本任务制作一个学生信息表，显示学生的姓名、性别、年龄、班级等信息，并使用 CSS 定义表格的样式。通过本任务的实现，掌握表格的创建和样式设置方法，能轻松制作网页中类似的表格。

学习目标：

※ 掌握创建表格的 HTML 标记；
※ 掌握合并单元格的方法；
※ 掌握表格的 CSS 样式设置方法。

7.1 任务描述

制作学生信息表，浏览效果如图 7-1 所示。具体要求如下。

（1）创建一个 8 行 7 列的表格。
（2）设置表格标题——学生信息表。
（3）在表格标记中添加相应的文本内容，并用<th>标记为表格设置表头。
（4）通过 CSS 控制表格的样式。
（5）鼠标指针移动到表格行时高亮（黄色）显示该数据行。

图 7-1 学生信息表

7.2 知识准备

早期的网页版面采用表格进行布局，随着网页技术的发展，现在的网页版面一般采用 HTML5+CSS3 布局。但网页上的一些内容，如通讯录、学生信息表、课程表等，采用表格仍然可以较好地呈现。

7.2.1 表格标记

在网页中创建表格需要使用表格标记，下面举例说明这些标记。

例 7-1 在 HBuilderX 中新建空项目，项目名称为 chapter07，在项目内新建 HTML 文件，在网页创建图 7-2 所示的简单表格，文件名为 example01.html，代码如下。

图 7-2 简单表格

```
<!DOCTYPE html>
<html>
<head>
    <meta charset="utf-8">
    <title>表格标记</title>
</head>
<body>
    <h2>学生情况表</h2>
    <table border="1">        <!--border 属性给表格添加边框 -->
        <tr>
            <th>学号</th>
            <th>姓名</th>
            <th>性别</th>
            <th>专业</th>
            <th>入学成绩</th>
        </tr>
        <tr>
            <td>2021021506</td>
            <td>王大震</td>
            <td>男</td>
            <td>计算机应用技术</td>
            <td>390</td>
        </tr>
        <tr>
            <td>2021021507</td>
            <td>于雪</td>
            <td>女</td>
            <td>计算机应用技术</td>
            <td>412</td>
        </tr>
        <tr>
```

```
                <td>2021021508</td>
                <td>马丽</td>
                <td>女</td>
                <td>计算机应用技术</td>
                <td>376</td>
            </tr>
        </table>
    </body>
</html>
```

通过上面的代码，可以看出创建表格的基本标记有以下几个。

（1）<table></table>。用于定义一个表格。

（2）<tr></tr>。用于定义表格的一行，该标记必须包含在<table>和</table>标记之间，表格有几行，在<table>和</table>标记之间就要有几对<tr></tr>标记。

（3）<th></th>。用于定义表头的单元格，该标记必须包含在<tr>和</tr>标记之间，表头行有几个单元格，在<tr>和</tr>标记之间就要有几对<th></th>标记。该单元格中的文字会被自动设为粗体，文字在单元格中居中对齐显示。

（4）<td></td>。用于定义表格的普通单元格，该标记必须包含在<tr>和</tr>标记之间，一行有几个单元格，在<tr>和</tr>标记之间就要有几对<td></td>标记。该单元格中的文字会被自动设为左对齐显示。

在例 7-1 的代码中，<table>标记用到了 border 属性，其作用是给表格添加边框，如果去掉该属性，则表格默认无边框。默认情况下，表格的宽度和高度靠其自身的内容来决定。如果要进一步设置表格的外观样式，则通过定义 CSS 样式实现。

7.2.2　合并单元格

微课 7-2：制作
不规则表格

可以给单元格标记<td>或<th>添加 colspan 或 rowspan 属性合并单元格。

如果要将表格的列合并，也就是让同一行不同列的单元格合并为一个单元格，那么要找到被合并的几个单元格中处于最左侧的那个单元格，给它加上 colspan 属性，其他被合并的单元格的标记要删除。

如果要将表格的行合并，也就是让同一列不同行的单元格合并为一个单元格，那么要找到被合并的几个单元格中处于最上面的那个单元格，给它加上 rowspan 属性，其他被合并的单元格的标记要删除。

下面以列合并为例，说明单元格合并的表格的创建。

例 7-2　在项目 chapter07 中再新建一个网页文件，在网页上创建图 7-3 所示的表格，文件名为 example02.html，代码如下。

基本信息				成绩信息		
学号	姓名	性别	班级	Web前端开发	信息技术基础	C语言
2021021506	王大震	男	2021级计应1班	90	47	88
2021021507	于雪	女	2021级计应1班	89	76	90
2021021508	马丽	女	2021级计应1班	79	93	53

图 7-3　单元格合并后的表格

```html
<!DOCTYPE html>
<html>
<head>
    <meta charset="utf-8">
    <title>合并单元格</title>
</head>
<body>
    <h2>学生成绩表</h2>
    <table border="1">
        <tr>
            <th colspan="4">基本信息</th>   <!-- 列合并 4 个单元格 -->
            <th colspan="3">成绩信息</th>   <!-- 列合并 3 个单元格 -->
        </tr>
        <tr>
            <th>学号</th>
            <th>姓名</th>
            <th>性别</th>
            <th>班级</th>
            <th>Web 前端开发</th>
            <th>信息技术基础</th>
            <th>C 语言</th>
        </tr>
        <tr>
            <td>2021021506</td>
            <td>王大震</td>
            <td>男</td>
            <td>2021 级计应 1 班</td>
            <td>90</td>
            <td>47</td>
            <td>88</td>
        </tr>
        <tr>
            <td>2021021507</td>
            <td>于雪</td>
            <td>女</td>
            <td>2021 级计应 1 班</td>
            <td>89</td>
            <td>76</td>
            <td>90</td>
        </tr>
        <tr>
            <td>2021021508</td>
            <td>马丽</td>
            <td>女</td>
            <td>2021 级计应 1 班</td>
            <td>79</td>
            <td>93</td>
            <td>53</td>
        </tr>
```

133

```
      </table>
  </body>
  </html>
```

在例 7-2 的代码中创建了一个 5 行 7 列的表格，在表格第一行的代码中分别使用 colspan 属性合并了第 1～4 列的单元格和第 5～7 列的单元格，因此第一行的代码中只写两对<th>标记就可以了。

7.2.3　使用 CSS 定义表格样式

使用 CSS 定义表格样式，可以创建出各种美观的表格。表格常用的 CSS 样式属性如表 7-1 所示。

表 7-1　表格常用的 CSS 样式属性

属性	说明
width	设置表格的宽度，其值可以是像素值或者百分比
height	设置表格的高度，其值可以是像素值或者百分比
text-align	设置单元格中内容的水平对齐方式（默认左对齐，取值有 left、center、right）
vertical-align	设置单元格中内容的垂直对齐方式（默认垂直居中，取值有 top、middle、bottom）
padding	设置表格内容到表格边框之间的距离
border	设置表格的边框
border-collapse	设置表格的行和单元格的边框是否合并在一起（默认值 separate 表示边框独立，collapse 表示边框合并）
border-spacing	设置相邻单元格边框之间的距离
empty-cells	设置表格中的空白单元格是否显示边框和背景，仅当 border-collapse 为默认值时，该属性有效

这些属性主要是控制表格的基础属性，而表格中内容的样式设置可以继续采用前面学习的有关文字的一些属性，如设置文字的颜色、大小、背景等。下面举例说明。

例 7-3　为例 7-2 创建的表格使用 CSS 属性定义样式，效果如图 7-4 所示，文件名为 example03.html，代码如下。

图 7-4　设置表格样式

```html
<!DOCTYPE html>
<html>
<head>
    <meta charset="utf-8">
    <title>设置表格样式</title>
    <style type="text/css">
        h2 {
            text-align: center;
        }
        table {
            border: 1px solid #000;          /*设置表格的边框*/
            border-collapse: collapse;       /*表格的边框合并*/
            margin: 0 auto;
            text-align: center;
        }
        th, td {
            border: 1px solid #000;          /*设置单元格的边框*/
        }
        tr:first-child {                     /*设置表格第一行的样式*/
            background: #dedede;
            height: 40px;
        }
        .redTd {                             /*设置成绩不及格的单元格的样式*/
            background:#F4696B;
        }
    </style>
</head>

<body>
<h2>学生成绩表</h2>
<table border="1">
    <tr>
        <th colspan="4">基本信息</th>            <!-- 列合并 4 个单元格 -->
        <th colspan="3">成绩信息</th>            <!-- 列合并 3 个单元格 -->
    </tr>
    <tr>
        <th>学号</th>
        <th>姓名</th>
        <th>性别</th>
        <th>班级</th>
        <th>Web 前端开发</th>
        <th>信息技术基础</th>
        <th>C 语言</th>
    </tr>
    <tr>
        <td>2021021506</td>
        <td>王大震</td>
        <td>男</td>
        <td>2021 级计应 1 班</td>
```

```
                    <td>90</td>
                    <td class="redTd">47</td>          <!-- 对单元格单独设置样式 -->
                    <td>88</td>
            </tr>
            <tr>
                    <td>2021021507</td>
                    <td>于雪</td>
                    <td>女</td>
                    <td>2021 级计应 1 班</td>
                    <td>89</td>
                    <td>76</td>
                    <td>90</td>
            </tr>
            <tr>
                    <td>2021021508</td>
                    <td>马丽</td>
                    <td>女</td>
                    <td>2021 级计应 1 班</td>
                    <td>79</td>
                    <td>93</td>
                    <td class="redTd">53</td>          <!-- 对单元格单独设置样式 -->
            </tr>
    </table>
    </body>
    </html>
```

在例 7-3 的代码中，分别为<table>、<th>、<td>标记设置了边框样式。使用 border-collapse 属性使表格的行和单元格的边框合并，这样可以制作 1px 宽的细线边框表格。对于特殊的行和单元格，可以定义类样式来单独设置它们的样式。

tr:first-child 表示选取表格的第一行，:first-child 也是 CSS 的选择器，用于选取第一个元素，这样的选择器还有很多，感兴趣的同学可以查阅 CSS3 手册。

7.3 任务实现

本节使用前面所学的表格标记构建学生信息表的结构，并使用 CSS 定义表格样式。

微课 7-3：任务
实现

7.3.1 搭建学生信息表结构

分析图 7-1 所示的学生信息表，该页面由标题和 8 行 7 列的表格构成。标题可以使用<h2>标记定义，表格使用<table>标记定义，表格的行使用<tr>标记定义，单元格使用<th>和<td>标记定义。表格和单元格的样式使用 CSS 定义。

在项目 chapter07 中再新建一个网页文件，文件名为 students.html，打开该文件，添加页面结构，代码如下。

```
<!DOCTYPE html>
<html>
<head>
    <meta charset="utf-8">
```

```
        <title>学生信息表</title></head>
<body>
    <h2>学生信息表</h2>
    <table class="gridtable">
        <tr>
            <th rowspan="2">学号</th>
            <th colspan="3">个人信息</th>
            <th colspan="3">入学信息</th>
        </tr>
        <tr>
            <th>姓名</th>
            <th>性别</th>
            <th>年龄</th>
            <th>班级</th>
            <th>入学年月</th>
            <th>宿舍号</th>
        </tr>
        <tr>
            <td>2021010201</td>
            <td>王大震</td>
            <td>男</td>
            <td>19</td>
            <td>2021 计应 1 班</td>
            <td>2021 年 9 月</td>
            <td>201</td>
        </tr>
        <tr>
            <td>2021010202</td>
            <td>于雪鲲</td>
            <td>男</td>
            <td>19</td>
            <td>2021 计应 1 班</td>
            <td>2021 年 9 月</td>
            <td>201</td>
        </tr>
        <tr>
            <td>2021010203</td>
            <td>王攀岩</td>
            <td>男</td>
            <td>18</td>
            <td>2021 计应 1 班</td>
            <td>2021 年 9 月</td>
            <td>202</td>
        </tr>
        <tr>
            <td>2021010204</td>
            <td>刘雪红</td>
```

```
            <td>女</td>
            <td>17</td>
            <td>2021 计应 1 班</td>
            <td>2021 年 9 月</td>
            <td>502</td>
        </tr>
        <tr>
            <td>2021010205</td>
            <td>李子海</td>
            <td>男</td>
            <td>19</td>
            <td>2021 计应 1 班</td>
            <td>2021 年 9 月</td>
            <td>202</td>
        </tr>
        <tr>
            <td>2021010206</td>
            <td>张君玉</td>
            <td>女</td>
            <td>18</td>
            <td>2021 计应 1 班</td>
            <td>2021 年 9 月</td>
            <td>502</td>
        </tr>
    </table>
</body>
</html>
```

浏览网页，效果如图 7-5 所示。

图 7-5 学生信息表结构

7.3.2 定义学生信息表 CSS 样式

搭建表格结构后，使用 CSS 内部样式表设置表格各元素样式，将该部分代码放入<head>和

</head>标记之间，代码如下。

```
<style type="text/css">
body,h2,table,th,td {
    margin: 0;
    padding: 0
}
h2 {
    text-align: center;
}
.gridtable {                            /*定义类选择器的样式，应用到表格上*/
    width: 700px;
    height: 200px;
    margin: 0 auto;                     /*让表格在浏览器中水平居中*/
    border: 1px solid #666;             /*给表格添加边框*/
    border-collapse: collapse;          /*合并表格的行和单元格边框，双线变单线*/
    font-family: "微软雅黑";
    font-size: 14px;
}
.gridtable th,.gridtable td  {          /*设置表格单元格的样式*/
    border: 1px solid #666;             /* 给单元格加边框*/
    padding: 2px;                       /*设置单元格中的内容与边框的距离*/
}
.gridtable th {
    background: #ddd;                   /*设置表头单元格的背景颜色*/
}
.gridtable tr:hover {
    background: #FF0;                   /*当鼠标指针移动到表格行上时高亮显示*/
}
</style>
```

浏览网页，效果如图 7-1 所示。

上述样式表代码中，最关键的样式是给表格行添加:hover 选择器，设置鼠标指针悬停到表格行上时，表格行显示黄色背景。

任务小结

本任务围绕学生信息表的制作，介绍了表格标记、合并单元格的方法以及表格 CSS 样式等，最后完成了学生信息表的制作。本任务介绍的主要知识点如表 7-2 所示。

表 7-2　任务 7 的主要知识点

知识点	标记或样式属性	作用
表格基本标记	<table></table>	定义表格
	<tr></tr>	定义表格行
	<th></th>	定义表头单元格，单元格中的文字自动设为加粗并居中显示
	<td></td>	定义表格单元格，单元格中的文字自动设为左对齐显示
合并单元格	rowspan	跨行合并单元格
	colspan	跨列合并单元格

续表

知识点	标记或样式属性	作用
表格 CSS 样式属性	width	设置表格的宽度，其值可以是像素或者百分比
	height	设置表格的高度，其值可以是像素或者百分比
	text-align	设置单元格中内容的水平对齐方式（默认左对齐，取值 left、center、right）
	vertical-align	设置单元格中内容的垂直对齐方式（默认垂直居中，取值为 top、middle、bottom）
	padding	设置表格内容与表格边框的间距
	border	设置表格的边框
	border-collapse	设置表格的行和单元格边框是否合并在一起（默认值 separate 表示边框独立，取值 collapse 表示边框合并）
	border-spacing	设置相邻单元格之间的边框的距离
	empty-cells	设置表格中的空白单元格是否显示边框和背景，仅当 border-collapse 默认设置时，该属性有效

习题 7

一、单项选择题

1. 以下说法正确的是（　　）。

A）<table>是表单标记　　　　　　　　　　B）<td>是表格行标记

C）<tr>是表格列标记　　　　　　　　　　　D）<table>是表格标记

2. 在 HTML 中，设置围绕表格边框的宽度的 HTML 代码是（　　）。

A）<table　size=#>　　　　　　　　　　　B）<table　border=#>

C）<table　bordesize=#>　　　　　　　　　D）tableborder=#>

3. 定义表头单元格的 HTML 标记是（　　）。

A）<table>　　　　　B）<td>　　　　　C）<tr>　　　　　D）<th>

4. 合并多行单元格的 HTML 标记是（　　）。

A）<th　colspan=#>　　　　　　　　　　　B）<th　rowspan="#">

C）<td　colspan=#>　　　　　　　　　　　D）<tr　rowspan=#>

二、判断题

1. 表格的列数，取决于一行中数据单元格的数量。（　　）

2. colspan 属性用来合并单元格的行。（　　）

3. 只需要设置 border-collapse 属性就可以显示表格边框。（　　）

4. 表格的结构标记是必须设置的。（　　）

5. 创建的表格在默认情况下是没有边框的。（　　）

实训 7

一、实训目的

1. 练习创建表格的各种标记的使用方法。

微课 7-4：实训 7
参考步骤

2. 掌握设置表格 CSS 样式的方法。

二、实训内容

1. 创建网页，使用表格标记创建图 7-6 所示的课程表。

2. 创建网页，使用表格标记创建学生信息表，使用 CSS 设置表格的样式，使表格的数据行隔行显示不同的背景颜色，如图 7-7 所示。

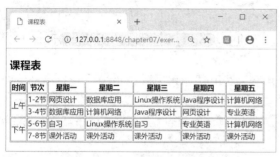

图 7-6　第 1 题表格浏览效果

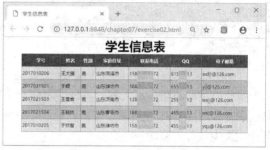

图 7-7　第 2 题表格浏览效果

三、实训总结

1. 写出常用的表格标记及其常用的 CSS 样式属性。

2. 请思考在表格单元格中能否显示图像。

四、拓展学习

复杂的表格还包括<caption>、<col>、<colgroup>、<thead>、<tfoot> 以及 <tbody> 等标记，请通过 HTML5 手册查询这些标记的用法。

扩展阅读

表格布局

早期的网页版面采用表格进行布局。用表格布局页面，是指把要显示的网页元素分别放到表格的单元格中，这样可以精确定位每部分的内容。表格布局的优点是容易上手、结构简单。但存在以下缺点。

（1）布局用到的表格标记繁多，<table>、<tr>、<td>等大量出现，复杂的网页要用到表格的相互嵌套，这样会使代码的复杂度提高。

（2）表格布局不利于搜索引擎抓取信息，直接影响到网站的排名。

因此，现在的网页一般采用 HTML5+CSS3 布局，用表格布局页面的方式逐渐退出布局的"舞台"。但使用表格来呈现学生信息表、通讯录等还是很有必要的。

任务8
制作学生信息注册表单

08

　　HTML 表单是 HTML 的一个重要部分，主要用于采集和提交用户输入的信息，它是 Web 前端实现人机交互必不可少的元素。本任务制作一个学生信息注册表单，在表单中输入学生相关的一系列信息，并使用 CSS 设置表单样式。通过本任务的实现，掌握表单的创建和样式设置方法，能轻松制作网页中类似的表单。

学习目标：
※　掌握创建表单的 HTML 标记；
※　掌握创建表单的常用控件；
※　掌握表单的 CSS 样式设置方法。

8.1　任务描述

　　制作学生信息注册表单，浏览效果如图 8-1 所示。具体要求如下。
（1）定义表单域。
（2）使用表单控件定义各输入控件。
（3）使用<input>标记的按钮属性定义提交和重置按钮。
（4）通过 CSS 整体设置表单样式。

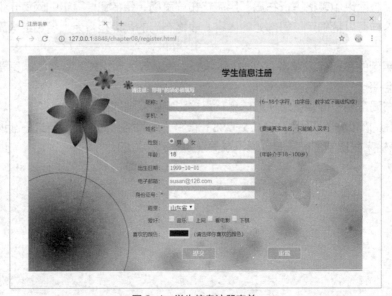

图 8-1　学生信息注册表单

8.2　知识准备

在网页中，如果需要用户输入用户信息，如用户登录和注册等，就可以使用表单元素来实现。此外，HTML5 还提供了表单验证功能，使用起来非常方便。

学习表单首先需要认识表单及常用的表单控件，并学会使用 CSS 设置表单样式。

8.2.1　认识表单

在学习表单之前，需要先了解表单的概念。表单是实现浏览者与网页服务器之间信息交互的一种网页对象。图 8-2 所示是用户登录表单。

微课 8-1：表单及表单标记

表单是允许浏览者进行输入的区域，网站服务器可以使用表单从客户端收集信息。浏览者在表单中输入信息，然后将这些信息提交给网站服务器，服务器中的应用程序会对这些信息进行处理并响应，这样就完成了浏览者和网站服务器之间的交互。

HTML5 新增了很多表单控件，完善了表单的功能，新特性提供了更好的用户体验和输入控制。

在网页中，一个完整的表单通常由表单域、提示信息和表单控件 3 部分构成。

（1）表单域（<form>标记）：<form>标记是一个包含框，是包含表单控件的容器。

（2）提示信息：表单控件周围用于提示输入内容的文字。

（3）表单控件（<input>标记等）：是用于输入用户信息的控件，如文本框、密码框、单选按钮、复选框和按钮等。

通过用户登录表单可以看出，该表单域包含的表单控件是 2 个输入框和 2 个按钮，提示信息是"用户名"和"密码"。

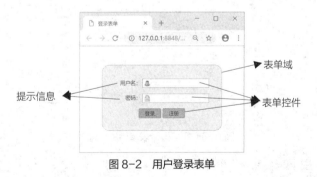

图 8-2　用户登录表单

8.2.2　表单标记

表单是一个包含表单控件的容器，表单控件允许用户在表单中使用表单域输入信息。可以使用<form>标记在网页中创建表单。<form>标记是成对出现的，在开始标记<form>和结束标记</form>之间的部分就是一个表单。

表单的基本语法格式如下。

```
<form name="表单名称" action="URL" method="提交方式" autocomplete="on|off" novalidate>
...
```

```
</form>
```

<form>标记主要用于处理和传送表单信息，其常用属性的含义如下。

（1）name 属性。给定表单名称，以区分同一个页面中的多个表单。

（2）action 属性。指定处理表单信息的服务器端 URL。

（3）method 属性。用于设置表单数据的提交方式，其取值为 get 或 post。其中，get 为默认值，以这种方式提交的数据将显示在浏览器的地址栏中，保密性差，且有数据量的限制。而 post 方式的保密性好，并且无数据量的限制，使用 method="post" 可以大量提交数据。

（4）autocomplete 属性。用于指定表单是否有自动完成功能。所谓"自动完成"，是指将用户在表单控件中输入的内容记录下来，当再次输入时，会将输入的历史记录显示在一个下拉列表中，以实现自动完成输入。该属性的取值有 on 和 off，该属性值为 on 时，表示有自动完成功能，否则表示没有。该属性是 HTML5 的新增属性。

（5）novalidate 属性。指定在提交表单时，取消对表单进行有效性检查。为表单设置该属性时，可以关闭整个表单的验证。该属性的取值有 true 和 false，为 true 时，表示取消表单验证。该属性是 HTML5 新增属性。

> **注意** <form>标记的属性并不会直接影响表单的显示效果。要想让一个表单有意义，就必须在<form>与</form>标记之间添加相应的表单控件。

8.2.3 表单控件

表单通常包含一个或多个表单控件，用户登录表单包括两个输入框和两个按钮控件，如图 8-3 所示。

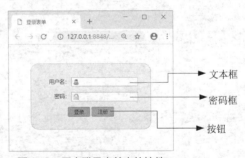

图 8-3 用户登录表单中的控件

微课 8-2：
<input>控件

接下来介绍表单的常用控件。

1. <input>控件

<input>控件即<input>标记，表单中最为核心的是<input>标记，使用<input>标记可以定义很多控件，如文本框、单选按钮、复选框、提交按钮、重置按钮等。格式如下。

```
<input type="控件类型" />
```

> **说明** <input />标记为单标记，type 属性为其最基本的属性，其取值有多种，用于指定不同的控件类型。除了 type 属性（见表 8-1）之外，<input>标记还可以定义很多其他的属性，如表 8-2 所示。

表 8-1　input 控件的 type 属性

属性	属性值	作用
type	text	单行文本框
	password	密码框
	radio	单选按钮
	checkbox	复选框
	button	普通按钮
	submit	提交按钮
	reset	重置按钮
	image	图像形式的提交按钮
	hidden	隐藏域
	file	文件域
	email	E-mail 地址的输入框
	url	URL 的输入框
	number	数值的输入框
	range	一定范围内数值的输入框
	date、time 等	日期和时间的输入框
	search	搜索域
	color	选择颜色
	tel	电话号码的输入框

表 8-2　input 控件的其他属性

属性	属性值	作用
name	由用户自定义	设置控件的名称
value	由用户自定义	设置<input>控件中的默认文本值
size	正整数	设置<input>控件在页面中的显示宽度
readonly	readonly	设置该控件内容为只读（不能编辑修改）
disabled	disabled	设置在第一次加载页面时禁用该控件（显示为灰色）
checked	checked	定义控件中默认被选中的项
maxlength	正整数	设置控件允许输入的最大字符数
autocomplete	on/off	设置是否自动完成表单字段的内容
autofocus	autofocus	设置页面加载后是否自动获取焦点
form	form 元素的 id	设置字段隶属于哪个表单
list	datalist 元素的 id	设置字段的数据值列表
multiple	multiple	设置输入框是否可以选多个值
min、max、step	数值	设置最小值、最大值及步进值
pattern	字符串	设置正则表达式，验证数据合法性
placeholder	字符串	提供提示
required	required	设置输入框不能为空

表 8-1 和表 8-2 列出了<input>控件的多种属性及其作用，需要注意的是，HTML5 提供了不同输入类型的输入框，如 email、url 等在提交时，会自动验证输入的内容是否符合要求，不符合要求时会有错误提示。

下面通过创建调查问卷表单介绍典型的<input>控件的使用。

例 8-1　在 HBuilderX 中新建空项目，项目名称为 chapter08，在项目内新建 HTML 文件，创建调查问卷表单，浏览效果如图 8-4 所示，文件名为 example01.html，代码如下。

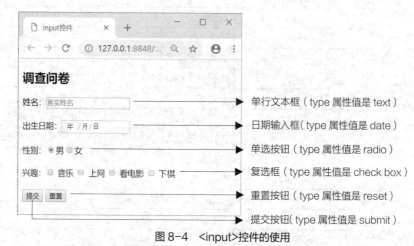

图 8-4　<input>控件的使用

```html
<!DOCTYPE html>
<html>
<head>
    <meta charset="utf-8">
    <title>input 控件</title>
</head>
<body>
    <form action="#" method="get">
        <h2>调查问卷</h2>
        姓名: <input type="text" maxlength="8" name="user" placeholder="真实姓名">
<br><br>
        出生日期: <input type="date"><br><br>
        性别: <input type="radio" name="gender" checked="checked">男<input
type="radio" name="gender">女<br><br>
        兴趣: <input type="checkbox" name="music">
        音乐
        <input type="checkbox" name="internet">
        上网
        <input type="checkbox" name="movie">
        看电影
        <input type="checkbox" name="chess">
        下棋<br><br>
        <input type="submit" value="提交">
        <input type="reset" value="重置">
    </form>
</body>
```

```
</html>
```

浏览网页，效果如图 8-4 所示。

图 8-4 展示了调查问卷表单的浏览效果，其中包括单行文本框（姓名）、日期输入框（出生日期）、单选按钮（性别）、复选框（兴趣）、提交和重置按钮等表单控件。

> **注意**
>
> （1）使用单行文本框时，可以使用 value 属性设置文本框中的默认值，也可以使用 placeholder 属性。使用 value 属性设置文本框中的默认值的代码如下。
>
> 　　　姓名：`<input type="text" maxlength="8" value="真实姓名">`
>
> （2）同一组单选按钮需要设置相同的 name 属性。checked 属性所在选项为单选按钮的默认选项。
>
> （3）表单控件设置 name 属性，是为了传递表单提交时收集到的表单数据。在调查问卷表单中输入相应的内容，单击提交按钮时，在地址栏中会显示设置了 name 属性的表单控件的值，如图 8-5 所示。

图 8-5 表单数据提交

2. `<textarea>`控件

当定义`<input>`控件的 type 属性值为 text 时，可以创建一个单行文本框。如果需要输入大量信息，且字数没有限制，就需要使用`<textarea>`标记。例如，输入个人简历时的控件就是`<textarea>`控件。其基本语法格式如下。

微课 8-3：
textarea 控件

```
<textarea cols="每行中的字符数" rows="显示的行数">
    文本内容
</textarea>
```

> **说明**
>
> 在上面的语法格式中，cols 和 rows 为`<textarea>`标记的必需属性，其中 cols 用来定义多行文本框中每行的字符数，rows 用来定义多行文本框显示的行数，它们的取值均为正整数。

> **注意**
>
> 各浏览器对 cols 和 rows 属性的理解不同，当对 textarea 控件应用 cols 和 rows 属性时，多行文本框在各浏览器中的显示效果可能会有差异。所以在实际工作中，更常用的方法是使用 CSS 的 width 和 height 属性来定义多行文本框的宽度和高度。

`<textarea>`控件的常用属性如表 8-3 所示。

表 8-3　<textarea>控件的常用属性

属性	属性值	作用
name	由用户自定义	设置控件的名称
readonly	readonly	设置该控件内容为只读（不能编辑修改）
disabled	disabled	设置在第一次加载页面时禁用该控件（显示为灰色）
maxlength	正整数	设置控件允许输入的最大字符数
autofocus	autofocus	设置页面加载后是否自动获取焦点
placeholder	字符串	设置文本提示
required	required	设置多行文本框不能为空
cols	数值	规定多行文本框内的可见宽度
rows	数值	规定多行文本框内的可见行数

　　例 8-2　在项目 chapter08 中再新建一个网页文件，使用<textarea>控件在前面调查问卷的后面添加多行文本框，文件名为 example02.html，添加的代码如下。

```
<textarea name="suggest" cols="50" rows="10" autofocus required></textarea><br>
```
浏览网页，效果如图 8-6 所示。

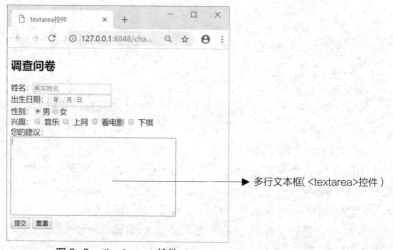

图 8-6　<textarea>控件

微课 8-4：select
控件

　　在图 8-6 中添加了多行文本框，为其设置了"autofocus"属性，表示会自动获取焦点，为其设置了"required"属性，表示该多行文本框不能为空。

3. <select>控件

　　<select>控件用于提供下拉列表选项，供用户选择。下拉列表中的选项通过<option>标记来定义。例如，在用户注册表单中，职业的选择项就是使用下拉列表实现的。其基本语法格式如下。

```
<select>
        <option value="1">第一个选项</option>
        <option value="2">第二个选项</option>
        <option value="3">第三个选项</option>
</select>
```

说 明 在上面的语法中，<select>和</select>标记用于在表单中添加一个下拉列表，<option>
和</option>标记用于定义下拉列表中的具体选项，每对<select>和</select>标记之间至
少应包含一对<option>和</option>标记。

可以为<select>和<option>标记定义属性，以改变下拉列表的外观显示效果，常用属性如表 8-4
所示。

表 8-4　<select>控件的常用属性

标记	属性名	描述
<select>	size	指定下拉列表的可见选项数（取值为正整数）
	multiple	定义 multiple= multiple 时，下拉列表将具有多项选择的功能，多选方法为按住 Ctrl 键的同时选择多项
<option>	selected	定义 selected=selected 时，当前项即默认选中项

接下来通过例 8-3 介绍<select>控件的使用。

例 8-3　在项目 chapter08 中再新建一个网页文件，使用<select>控件创建单选和多选下拉列表，
文件名为 example03.html，代码如下。

```
<!DOCTYPE html>
<html>
<head>
    <meta charset="utf-8">
    <title>select</title>
</head>
<body>
    学历:
    <select>
        <option selected="selected">高中</option>
        <option>专科</option>
        <option>本科</option>
        <option>硕士</option>
        <option>博士</option>
    </select><br><br>
    希望工作的城市 (多选):
    <select multiple="multiple" size="5">
        <option selected="selected">潍坊市</option>
        <option>青岛市</option>
        <option>淄博市</option>
        <option>菏泽市</option>
        <option>济南市</option>
    </select><br><br>
</body>
</html>
```

浏览网页，效果如图 8-7 所示。

例 8-3 实现了单选和多选下拉列表，多选和单选下拉列表的区别在于是否设置<select>标记的
"multiple"属性，显示成下拉列表和带箭头的列表的区别在于是否将"size"属性设置为大于 1 的值。

图 8-7　单选和多选下拉列表

8.2.4　使用 CSS 定义表单样式

下面通过案例说明如何使用 CSS 定义表单样式。

例 8-4　在项目 chapter08 中再新建一个网页文件，创建用户登录表单，使用 CSS 定义表单样式，效果如图 8-8 所示，文件名为 login.html。

微课 8-5：使用
CSS 定义表单
样式

图 8-8　使用 CSS 定义表单样式

图 8-8 所示的表单界面由 3 行构成，每行可以使用一对<p>标记来构建。左边的提示信息放入<span>标记中，以便于设置文字右对齐。页面结构代码如下。

```
<!DOCTYPE html>
<html>
<head>
    <meta charset="utf-8">
    <title>登录表单</title>
</head>
<body>
    <form action="" method="get" autocomplete="on">
        <p><span>用户名: </span>
            <input name="txtUsername" type="text" class="num" pattern="^[a-zA-Z]
[a-zA-Z0-9_]{4,15}$">
        </p>
        <p><span>密码: </span>
            <input name="txtPwd" type="password" class="pass" pattern="^[a-zA-Z]\
w{5,17}$">
        </p>
        <p>
            <input name="btnLogin" type="submit" value="登录" class="btn1">
```

```
            <input name="btnReg" type="button" value="注册" class="btn2">
        </p>
    </form>
</body>
</html>
```

在上面的代码中，在每对<p>标记中添加相应的表单控件，分别用于定义单行文本框、密码框、提交按钮和普通按钮。输入用户名的单行文本框使用了属性 pattern="^[a-zA-Z][a-zA-Z0-9_]{4,15}$"设置正则表达式，用于定义验证输入用户名的规则，表示输入的用户名以字母开头，长度是 5~16 个字符，允许使用字母、数字或下画线；密码框使用了属性 pattern="^[a-zA-Z]\w{5,17}$"设置正则表达式，用于定义验证输入密码的规则，表示密码要以字母开头，长度是 6~18 个字符。

浏览网页，效果如图 8-9 所示。

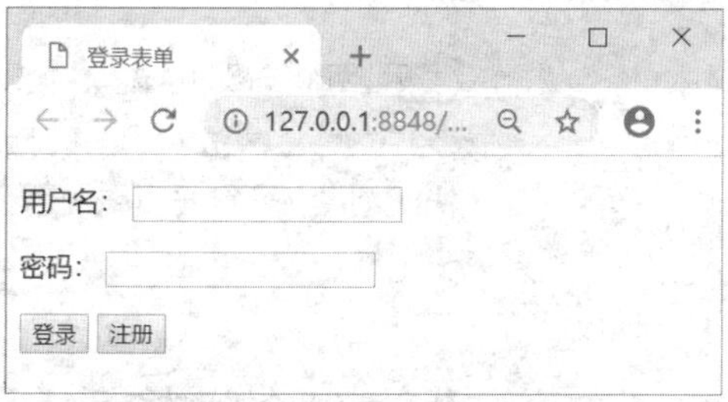

图 8-9 添加表单结构后的页面

为了使表单界面更加美观，下面使用内部样式表修饰页面，定义样式表的代码如下。

```
<style type="text/css">
body,form,input,p {                    /*修改页面的默认样式*/
    margin: 0;
    padding: 0;
    border: 0;
}
body {                                 /*全局控制*/
        font-family: "微软雅黑";
        font-size: 14px;
}
form {                                 /*表单的样式*/
    width: 320px;
    height: 150px;
    padding-top: 20px;
    margin: 50px auto;
    background: #d2f8ff;
    border-radius: 20px;               /*设置圆角半径*/
    border: 1px solid #3bb7ea;
}
p {
    margin-top: 15px;
    text-align: center;
}
p span {                               /* 提示信息的样式 */
    display: inline-block;             /*行内元素变为行内块元素，可以设置宽度*/
    width: 70px;
```

```
        text-align: right;                /*文本右对齐*/
    }
    .num,.pass {                          /*两个输入框的样式*/
        width: 152px;
        height: 18px;
        border: 1px solid #38a1bf;
        padding: 2px 2px 2px 22px;
    }
    .num {                                /*设置第一个输入框的背景*/
        background: url(images/1.jpg) no-repeat 5px center #FFF;
    }
    .pass {                               /*设置第二个输入框的背景*/
        background: url(images/2.jpg) no-repeat 5px center #FFF;
    }
    .btn1,.btn2 {                         /*设置两个按钮的样式*/
        width: 60px;
        height: 25px;
        border: 1px solid #6b5d50;
        border-radius: 3px;
        margin-topt: 10px;
    }
    .btn1 {                               /*设置第一个按钮的背景颜色*/
        background: #3bb7ea;
    }
    .btn2 {                               /*设置第二个按钮的背景颜色*/
        background: #fb8c16;
    }
</style>
```

浏览页面，效果如图 8-8 所示。

使用 CSS 可以轻松定义表单控件的样式，主要体现在定义表单控件的字体、边框、背景和内边距等。

在使用 CSS 定义表单样式时，初学者还需要注意以下几个问题。

（1）由于 form 是块元素，所以修改页面的默认样式时，需要清除其内边距 padding 和外边距 margin。

（2）input 控件默认有边框，当使用<input>标记定义各种按钮时，通常需要清除其边框。

（3）通常情况下，需要为单行文本框和密码框设置 2～3px 的内边距，以使用户输入的内容不会紧贴输入框。

8.3 任务实现

本节使用前面所学的表单知识构建学生信息注册表单，并使用 CSS 定义表单样式。

8.3.1 搭建学生信息注册表单页面结构

微课 8-6：任务
实现

分析图 8-1 所示的学生信息注册表单效果，该页面的所有内容包含在最外层的大盒子中，大盒子添加了背景图像，标题使用<h2>标记，表单每行左边的提示信息和右边的表单控件放入<p>标记中。最后使用 CSS 对所有元素设置样式。

在项目 chapter08 中再新建一个网页文件，文件名为 register.html，打开该文件，搭建结构代码如下。

```html
<!DOCTYPE html>
<html>
<head>
    <meta charset="utf-8">
    <title>注册表单</title>
</head>
<body>
    <div class="bg">
        <form action="#" method="get">
            <h2>学生信息注册</h2>
            <p class="yelc">请注意：带有*的项必须填写</p>
            <p><span>昵称：*</span>
                <input type="text" name="txtUsername" autofocus required
pattern="^[a-zA-Z]\w{5,17}$">（6~18 个字符，由字母、数字或下画线构成）
            </p>
            <p><span>手机：*</span>
                <input type="tel" name="telephone" required pattern="\d{11}$">
            </p>
            <p><span>姓名：*</span>
                <input type="text" name="txtName" required pattern="^[\u4e00-\
u9fa5]{0,}$" />（要填真实姓名，只能输入汉字）
            </p>
            <p><span>性别：</span>
                <input type="radio" name="gender" checked class="spe">男
                <input type="radio" name="gender" class="spe">女
            </p>
            <p><span>年龄：</span>
                <input type="number" name="age" value="18" min="18" max="100">
                （年龄介于 18~100 岁）
            </p>
            <p><span>出生日期：</span>
                <input type="date" name="birthday" value="1999-10-01">
            </p>
            <p><span>电子邮箱：</span>
                <input type="email" name="myemail" placeholder="susan@126.com">
            </p>
            <p><span>身份证号：*</span>
                <input type="text" name="card" required pattern="^\d{8,18}|
[0-9x]{8,18}|[0-9X]{8,18}?$">
            </p>
            <p><span>籍贯：</span>
                <select>
                    <option>江苏省</option>
                    <option selected="selected">山东省</option>
                    <option>湖北省</option>
```

```
                    <option>浙江省</option>
                </select>
        </p>
        <p><span>爱好：</span>
            <input type="checkbox" name="music" class="spe">音乐
            <input type="checkbox" name="internet" class="spe">上网
            <input type="checkbox" name="movie" class="spe">看电影
            <input type="checkbox" name="xiaqi" class="spe">下棋
        </p>
        <p class="lucky"><span>喜欢的颜色：</span>
            <input type="color" name="lovecolor">（请选择你喜欢的颜色）
        </p>
        <p class="btn">
            <input type="submit" value="提交">
            <input type="reset" value="重置">
        </p>
    </form>
    </div>
</body>
</html>
```

浏览网页，效果如图 8-10 所示。

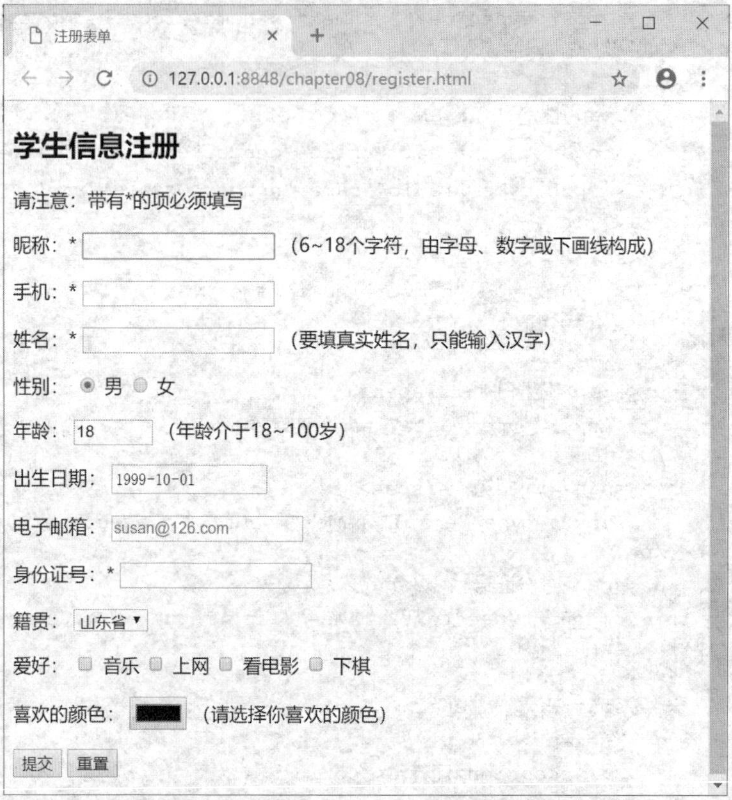

图 8-10　学生信息注册表单页面结构

8.3.2 使用CSS定义学生信息注册表单页面样式

搭建表单结构后，使用 CSS 内部样式表定义表单各元素样式，将该部分代码放入<head>和</head>标记之间，样式表代码如下。

```css
<style type="text/css">
body, form, input, select, h2, p {      /*修改页面的默认样式*/
    padding: 0;
    margin: 0;
    border: 0;
}
body {                                   /*全局控制*/
    font-size: 12px;
    font-family: "微软雅黑";
}
.bg {
    width: 800px;
    height: 500px;
    margin: 20px auto;
    background: url(images/bg.jpg) no-repeat;
}
form {
    width: 550px;
    height: 480px;
    padding-left: 250px;                 /*使文字内容向右移动*/
    padding-top: 20px;
}
h2 {                                     /*控制标题*/
    height: 40px;
    line-height: 40px;
    text-align: center;
    font-size: 20px;
    border-bottom: 2px solid #ccc;
}
.yelc {
    color: #FFFF00;
    font-weight: bold;
}
p {
    margin-top: 10px;
}
p span {
    width: 75px;
    display: inline-block;               /*将行内元素转换为行内块元素*/
    text-align: right;
    padding-right: 10px;
}
p input{
    width: 200px;
    height: 15px;
    line-height: 15px;
    border: 1px solid #d4cdba;
```

```
      padding: 2px;                          /*设置输入框与输入内容之间有一些距离*/
}
p input.spe {
    width: 15px;
    height: 15px;
    border: 0;
    padding: 0;
}
.lucky input {
    width: 50px;
    height: 24px;
    border: 0;
    padding: 0;
}
.btn input {                                 /*设置两个按钮的宽度、高度、边距及边框等*/
    width: 80px;
    height: 30px;
    background: #93b518;
    margin-top: 10px;
    margin-left: 120px;
    border-radius: 3px;                      /*设置圆角半径*/
    font-size: 14px;
    color: #fff;
}
</style>
```

浏览网页，效果如图 8-1 所示。

任务小结

本任务围绕登录和注册表单的制作，介绍了表单的创建，主要包括表单相关标记以及如何使用 CSS 定义表单的样式，最后综合利用这些知识完成了学生信息注册表单的制作。本任务介绍的主要知识点如表 8-5 所示。

表 8-5　任务 8 的主要知识点

标记	常用属性	说明
<form>	name	指定表单名称
	action	指定处理表单信息的服务端 URL
	method	设置表单数据的提交方式，其取值为 get 或 post
	autocomplete	指定表单是否有自动完成功能
	novalidate	指定在提交表单时，取消对表单进行有效性检查
<input>	type	text：单行文本框
		password：密码框
		radio：单选按钮
		checkbox：复选框
		button：普通按钮
		submit：提交按钮
		reset：重置按钮

续表

标记	常用属性	说明
<input>	type	image：图像形式的提交按钮
		hidden：隐藏域
		file：文件域
		email ：E-mail 地址的输入框
		url ：URL 的输入框
		number：数值的输入框
		range：一定范围内数值的输入框
		date、time：日期和时间的输入框
		search：搜索域
		color：选择颜色
		tel：电话号码的输入框
	name	设置控件的名称
	value	设置<input>控件中的默认文本值
	size	设置<input>控件在页面中的显示宽度
	readonly	设置该控件内容为只读（不能编辑修改）
	disabled	设置第一次加载页面时禁用该控件（显示为灰色）
	checked	定义控件中默认被选中的项
	maxlength	设置控件允许输入的最大字符数
	autocomplete	设置是否自动完成表单字段的内容
	autofocus	设置页面加载后是否自动获取焦点
	form	设置字段隶属于哪个表单
	list	设置字段的数据值列表
	multiple	设置输入框是否可以选多个值
	min、max、step	设置最小值、最大值及步进值
	pattern	设置正则表达式，验证数据合法性
	placeholder	设置提示文本
	required	设置输入框不能为空
<textarea>	name	设置控件的名称
	readonly	设置该控件内容为只读（不能编辑修改）
	disabled	设置第一次加载页面时禁用该控件（显示为灰色）
	maxlength	设置控件允许输入的最大字符数
	autofocus	设置页面加载后是否自动获取焦点
	placeholder	设置提示文本
	required	设置多行文本框不能为空
	cols	规定多行文本框内的可见宽度
	rows	规定多行文本框内的可见行数
<select>	size	指定下拉列表的可见选项数（取值为正整数）
	multiple	定义 multiple= multiple 时，下拉列表将具有多项选择的功能，多选方法为按住 Ctrl 键的同时选择多项
<option>	selected	定义 selected=selected 时，当前项即默认选中项

///// **习题 8**

一、单项选择题

1. 下面关于表单的叙述错误的是（　　）。
   A）表单是用户与网站实现交互的重要手段　　　B）表单可以收集用户的信息
   C）表单是网页上的一个特定区域　　　　　　　D）表单是由一对<table>标记组成的

2. 要建立一个输入单行文字的文本框，下面代码正确的是（　　）。
   A）<input>　　　　　　　　　　　　　　　　B）<input type="text">
   C）<input type="radio">　　　　　　　　　　D）<input type="password">

3. 要建立一个密码框，<input>标记的 type 属性的属性值应该等于（　　）。
   A）password　　　　B）radio　　　　　　C）text　　　　　　D）image

4. 要建立一对选择性别的单选按钮，下面关于它们的 name 值不正确的是（　　）。
   A）name="boy"，name="girl"　　　　　　　B）name="boy"，name=" boy "
   C）name=" girl "，name="girl"　　　　　　D）name=" sex "，name="sex"

5. 下面这段代码中，哪种颜色为加载页面后默认选中的颜色?（　　）

```
<form>
    红色<input type="checkbox" checked="checked">
    黄色<input type="checkbox">
    蓝色<input type="checkbox">
    白色<input type="checkbox">
</form>
```
   A）红色　　　　　　　B）黄色　　　　　　　C）蓝色　　　　　　D）白色

6. 关于下列代码片段分析正确的是（　　）。

```
<form name="form" action="register.html" method="post">
...
</form>
```
   A）表单的名称是 form
   B）表单的数据提交的位置是 post
   C）表单提交的数据将会出现在地址栏中
   D）提交表单后，用户输入的数据会附加在 URL 之后

7. 创建一个多行文本框所需的标记是（　　）。
   A）<input>　　　　　B）<select>　　　　　C）<option>　　　　D）<textarea>

8. 创建下拉列表，下面标记正确的是（　　）。
   A）<select></select>　　　　　　　　　　　B）<option></option>
   C）<select><option></option></select>　　　D）<option><select></option>

9. 在 HTML 中，关于表单提交方式说法错误的是（　　）。
   A）action 属性用来设置表单的提交方式
   B）表单提交有 get 和 post 两种方式
   C）post 方式比 get 方式安全
   D）用 post 方式提交的数据不会显示在地址栏，而用 get 方式时会显示

10. 在 HTML 中，将表单中 input 元素的 type 属性值设置为哪个选项，可用于创建重置按钮?（　　）

A）reset　　　　　　B）set　　　　　　　　C）button　　　　　　D）image

11. 在 HTML 中，下列哪个选项可以在表单中创建一个初始状态被选中的复选框？（　　　　）

A）<input type="radio" name="agree" value="y" selected="selected" />同意

B）<input type="checkbox" name="agree" value="y" selected="selected" />同意

C）<input type="radio" name="agree" value="y" checked="checked" />同意

D）<input type="checkbox" name="agree" value="y" checked="checked" />同意

12. 在 HTML 中，表单中的 input 元素的 type 属性值不可以是（　　　　）。

A）password　　　　　　B）radiobutton　　　　　C）text　　　　　　D）submit

13. 下列选项中，用于指定表单是否有自动完成功能的属性是（　　　　）。

A）action　　　　　　B）autocomplete　　　　　C）method　　　　　　D）novalidate

二、判断题

1. 在 HTML 中，form 标记用于定义表单域，即创建一个表单，以实现网站对用户信息的收集和传递。（　　　　）

2. 在 HTML5 中，checked="checked"可以简写为 checked，readonly="readonly"可以简写为 readonly。（　　　　）

3. <select>标记的 size 属性默认为 1。（　　　　）

4. <form>标记的 method 属性默认为 post。（　　　　）

5. 将<input>标记的 type 属性设置为 text 时，该控件既可以用于输入多行文本，也可以用于输入单行文本。（　　　　）

实训 8

一、实训目的

1. 练习创建表单的各种标记的用法。

2. 掌握使用 CSS 定义表单样式的方法。

二、实训内容

制作简单的交规考试答卷页面，如图 8-11 所示。具体要求如下。

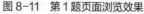

微课 8-7：实训 8
参考步骤

图 8-11　第 1 题页面浏览效果

（1）定义一个名为"交通考试选择题"的<h3>标题。

（2）定义表单域。

（3）使用<p>标记定义单选题的题干。

（4）使用<input>标记的单选按钮属性定义选项。

（5）使用<p>标记定义多选题的题干。

（6）使用<input>标记的复选框属性定义选项。

（7）使用<input>标记的按钮类型属性定义提交按钮。

三、实训总结

写出常用的表单控件标记及其各自的作用。

四、拓展学习

通过百度网站查询正则表达式的详细使用方法。

扩展阅读

Web 页面中实现数据交互的几种方式

交互，即交流互动，是很多互联网平台追求打造的一种功能。通过某个具有交互功能的互联网平台，不仅可以让用户在上面获得相关信息或服务，还能使用户与用户或用户与平台相互交流与互动，从而碰撞出更多的创意、思想和需求等。表单是用于实现用户与网站信息交互的一种 HTML 元素。那么除了这种交互方式以外，还有哪些交互方式呢？

1. AJAX

AJAX 即 Asynchronous JavaScript and XML（异步 JavaScript 和 XML 技术），是一种在无须重新加载整个网页的情况下，能够实现部分网页更新的技术。AJAX 通过在后台与服务器进行少量的数据交换，可以实现网页的异步更新。也就是说，AJAX 可以在不重新加载整个页面的情况下，对网页的某个部分内容进行更新（传统的网页如需更新内容，则即使只更新网页中的某一部分内容，也需要重新加载整个网页）。

2. WebSocket

WebSocket 是一种网络通信协议，用于连接客户端和服务器，它只需要建立一次连接，就可以一直保持连接状态，并进行双向数据传递。它的优点就是允许服务器主动向客户端推送数据。

任务9
布局学院网站主页

网页是由若干版块构成的，就像一张报纸的内容被划分为若干版块，各版块经过合理的排版，使报纸的内容清晰、易读。在制作网页时，也需要对网页进行"排版"，网页的"排版"是通过布局实现的。本任务对学院网站的主页进行布局，将主页划分为多个块，使用 HTML5 标记定义这些块，并对每个块定义 CSS 样式。通过本任务的实现，掌握常用的网页布局方式，实现各种网页布局。

学习目标：

※ 掌握新增的 HTML5 结构标记；

※ 掌握常用的 HTML5+CSS3 布局方式。

9.1 任务描述

根据学院网站主页，对主页的版块进行划分，如图 9-1 所示。创建网页，对学院网站的主页进行布局，布局效果如图 9-2 所示。

图 9-1 学院网站主页

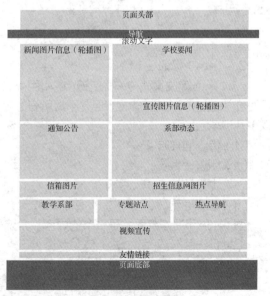

图 9-2 布局效果

9.2 知识准备

网页布局的方式有单列布局、二列布局、三列布局和通栏布局等。网页布局是网站制作中最核心的问题之一。传统网页采用表格进行布局，但这种方式逐渐淡出设计舞台，取而代之的是符合 Web 标准的 HTML5+CSS3 布局方式。网页布局时通常使用<div>标记定义块，使用 CSS 设计块的样式。HTML5 新增了一些结构标记，使用这些标记表示网页中的块更具有语义性。

9.2.1　HTML5 新增结构标记

HTML5 新增了一些结构标记，这些标记有<header>、<nav>、<section>、<article>、<aside>和<footer>等，这些标记的作用与块标记相似，运用这些结构标记，可以让网页的整体结构更加直观清晰，更加具有语义性。

1. <header>标记

<header>标记表示页面或页面中某一个区块的页眉，通常用于放置标题，它可以包含页面标题、Logo 图片、搜索表单等，例如，图 9-3 所示就是学院网站中的<header>标记包含的内容。

图 9-3　学院网站中的<header>标记

<header>标记的语法格式如下。

```
<header>
    <h1>标题</h1>
    ...
</ header>
```

例如，在学院网站中使用<header>标记定义头部内容，结构代码如下。

```
<header>
    <img  src="images/header.png"  alt=""> <!-- 头部中放入图片 -->
</header>
```

2. <nav>标记

<nav>标记定义页面内的导航链接，引用<nav>标记可以让页面元素的语义更加明确。一个 HTML 页面可以包含多个<nav>标记，但并不是所有的链接都需要包含在<nav>标记中。通常<nav>标记用于以下几种场合。

（1）传统的导航条。

（2）侧边栏导航。

（3）内页导航。

（4）翻页导航。

图 9-4 所示是学院网站导航条的内容。学院网站导航条用<nav>标记实现的结构代码如下。

```
<nav>
    <ul>
        <li><a href="#">网站首页</a></li>
        <li><a href="#">学院概况</a></li>
        <li><a href="#">新闻中心</a></li>
        <li><a href="#" >机构设置</a></li>
        <li><a href="#" >教学科研</a></li>
        <li><a href="#">团学在线</a></li>
```

```
        <li><a href="#" >招生就业</a></li>
        <li><a href="#">公共服务</a></li>
        <li><a href="#">信息公开</a></li>
        <li><a href="#" >统一信息门户</a></li>
    </ul>
</nav>
```

网站首页   学院概况   新闻中心   机构设置   教学科研   团学在线   招生就业   公共服务   信息公开   统一信息门户

图 9-4　学院网站中的<nav>标记

3. <section>标记

<section>标记用于对网站或应用程序中页面的内容进行分块，表示一段专题性的内容，一般会带有标题。<section>标记通常用于文章的章节、页眉、页脚或文档中的其他部分。使用时需注意以下两点。

（1）如果<article>标记、<aside>标记、<nav>标记更满足我们的使用条件，就不要使用<section>标记。

（2）不要为没有标题的内容使用<section>标记。

例 9-1　在 HBuilderX 中新建空项目，项目名称为 chapter09，在项目内新建 HTML 文件，用<section>标记定义网页内容区块，文件名为 example01.html，代码如下。

```
<!DOCTYPE html>
<html>
<head>
    <meta charset="utf-8">
    <title>section 元素</title>
</head>
<body>
    <section>
        <h1> section 元素</h1>
        <p> section 元素用于对网站或应用程序中页面的内容进行分块，表示一段专题性的内容，一般
会带有标题。</p>
    </section>
</body>
</html>
```

浏览网页，效果如图 9-5 所示。

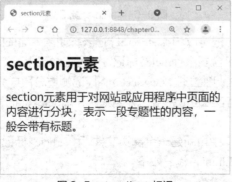

图 9-5　<section>标记

4. <article>标记

<article>标记用来定义独立的内容。该元素定义的内容可独立于其他内容使用，它可以是一篇博客或报刊中的文章、一篇论坛帖子、一段用户评论或独立的插件等。除了内容部分，<article>标记通常有自己的标题（通常放在<header>标记中），有时还有自己的页脚。

例 9-2　在项目 chapter09 中再新建一个网页文件，用<article>标记定义新闻内容，文件名为 example02.html，代码如下。

```
<!DOCTYPE html>
<html>
<head>
    <meta charset="utf-8">
    <title>article 元素</title>
</head>
<body>
    <article>
        <header>
            <h1>article 元素</h1>
            <p>发布日期: 2019-01-07</p>
        </header>
        <p>article 元素用来定义独立的内容。</p>
        <footer>
            <p>版权所有</p>
        </footer>
    </article>
</body>
</html>
```

浏览网页，效果如图 9-6 所示。

图 9-6　<article>标记

在 HTML5 中，<article>标记可以和<section>标记嵌套使用。<article>标记可以包含多个<section>标记，<section>标记也可以包含多个<article>标记。<article>标记可以看成一种特殊类型的<section>标记，它比<section>标记更强调独立性，即<section>标记侧重分段或分块，而<article>标记侧重独立性。如果一块内容相对来说比较独立、完整，就应该使用<article>标记；如果想将一块内容分成几段，就应该使用<section>标记。

例 9-3　在项目 chapter09 中再新建一个网页文件，用<article>标记和<section>标记定义新闻内容及评论，文件名为 example03.html，代码如下。

```
<!DOCTYPE html>
<html>
```

```
<head>
    <meta charset="utf-8">
    <title>article 元素和 section 元素</title>
</head>
<body>
    <article>
        <header>
            <h1>article 元素</h1>
            <p>发布日期：2019-01-07</p>
        </header>
        <p>article 元素用来定义独立的内容。</p>
        <section>
            <h2>评论</h2>
            <article>
                <header>
                    <h3>评论者：小冰</h3>
                    <p>1 小时前</p>
                </header>
                <p>我看懂了</p>
            </article>
            <article>
                <header>
                    <h3>评论者：键盘侠</h3>
                    <p>2 小时前</p>
                </header>
                <p>HTML5 新增元素功能强大</p>
            </article>
        </section>
    </article>
</body>
</html>
```

浏览网页，效果如图 9-7 所示。

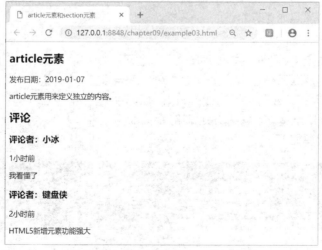

图 9-7 <article>标记和<section>标记

5. <aside>标记

<aside>标记通常用来表示当前页面的附属信息部分，它的内容跟这个页面其他内容的关联性不强，或者没有关联，它是单独存在的。它可以包含与当前页面或者主题内容相关的一些引用，如侧边栏、广告、目录、索引、Web 应用、链接、当前页内容简介等，有别于页面的主要内容。

<aside>标记主要的使用方法有以下两种。

（1）包含在<article>标记中作为主要内容的附属信息部分，如当前文章有关的参考资料、名词解释等。

（2）在<article>标记之外使用，作为页面或者站点全局的附属信息，如侧边栏、广告、友情链接等。

例 9-4　在项目 chapter09 中再新建一个网页文件，使用<aside>标记定义网页的侧边栏导航，文件名为 example04.html，代码如下。

```html
<!DOCTYPE html>
<html>
<head>
    <meta charset="utf-8">
    <title>aside元素</title>
</head>
<body>
    <aside>
        <nav>
            <ul>
                <li><a href="#">首页</a></li>
                <li><a href="#">目的地</a></li>
                <li><a href="#">酒店</a></li>
                <li><a href="#">机票</a></li>
                <li><a href="#">评论</a></li>
            </ul>
        </nav>
    </aside>
</body>
</html>
```

浏览网页，效果如图 9-8 所示。

6. <footer>标记

<footer>标记用于定义页面或区域的页脚，可以是网站的版权信息、作者、日期及联系信息。一个页面中可以包含多个<footer>标记，也可以在<section>标记或<article>标记中使用<footer>标记。图 9-9 所示是学院网站的页脚部分，学院网站中<footer>标记的结构代码如下。

图 9-8　<aside>标记

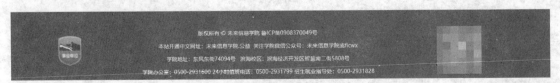

图 9-9　学院网站中的<footer>标记

```html
<footer>
```

```
        <div class="footerCon">
            <div class="textlj">
                <img src="images/footer1.png" alt="">
            </div>
            <div class="textm">
```
版权所有 © 未来信息学院 鲁 ICP 备 0908370049 号\
 本站开通中文网址: 未来信息学院.公益\ \ 关注学院微信公众号: 未来信息学院或 ficwx\
 学院地址: 东风东街74094 号 \ \ 滨海校区: 滨海经济开发区智慧南二街 5808 号\
 学院办公室: 0500-2931600 24 小时值班电话: 0500-2931799 招生就业指导处: 0500-2931828
```
            </div>
            <div class="image1">
                <img src="images/ewm.png" alt="">
            </div>
        </div>
</footer>
```

9.2.2 HTML5+CSS3 布局

HTML5+CSS3 在布局时首先将页面分块，然后对各个块进行 CSS 定位，最后在各个块中添加相应的内容。常用的 HTML5+CSS3 布局方式有单列布局、两列布局、三列布局和通栏布局等。网页的主体内容宽度现在一般采用 1000px～1920px。下面通过案例介绍常用的网页布局方式。

微课 9-1: 单列
布局

1. 单列布局

将页面上的块从上到下依次排列，即单列布局。

例 9-5 在项目 chapter09 中再新建一个网页文件，对页面进行单列布局，效果如图 9-10 所示，文件名为 example05.html。

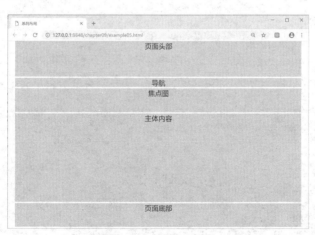

图 9-10 单列布局页面

从图 9-10 可以看出，这个页面从上到下分别为页面头部、导航、焦点图、主体内容和页面底部，每个块单独占一行，宽度都为 1000px。

页面的 HTML 结构代码如下。

```
<!DOCTYPE html>
<html>
<head>
```

```html
    <meta charset="utf-8">
    <title>单列布局</title>
    <link href="style1.css" rel="stylesheet" type="text/css" />
</head>
<body>
    <header>页面头部</header>
    <nav>导航</nav>
    <div class="banner">焦点图</div>
    <div class="content">主体内容</div>
    <footer>页面底部</footer>
</body>
</html>
```

创建外部样式表文件 style1.css，代码如下。

```css
/* CSS 文件 */
body {
    margin: 0;
    padding: 0;
    font-size: 24px;
    text-align: center;
}
header {                          /*页面头部*/
    width: 1000px;
    height: 120px;
    background-color: #ccc;
    margin: 0 auto;              /*居中显示*/
}
nav {                            /*导航*/
    width: 1000px;
    height: 30px;
    background-color: #ccc;
    margin: 5px auto;           /*居中显示，且上、下外边距为 5px*/
}
.banner {                        /*焦点图*/
    width: 1000px;
    height: 80px;
    background-color: #ccc;
    margin: 0 auto;
}
.content {                       /*内容*/
    width: 1000px;
    height: 300px;
    background-color: #ccc;
    margin: 5px auto;
}
footer {                         /*页面底部*/
    width: 1000px;
    height: 80px;
    background-color: #ccc;
    margin: 0 auto;
}
```

浏览网页，效果如图 9-10 所示。

2. 二列布局

单列布局虽然统一、有序，但不能充分利用版面空间，所以在实际网页制作中，一般会采用二列布局。二列布局实际上是将中间内容分成左、右两部分。

例 9-6 在项目 chapter09 中再新建一个网页文件，对页面进行二列布局，效果如图 9-11 所示，文件名为 example06.html。

微课 9-2：两列
布局

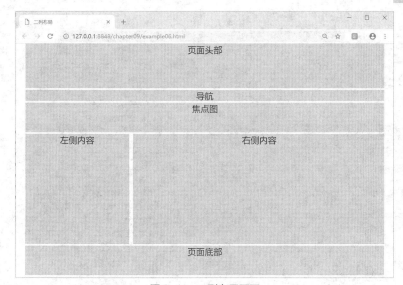

图 9-11 二列布局页面

从图 9-11 可以看出，中间内容被分成了左、右两部分，布局时应将左、右两个块放在中间的大块中，然后为左、右两个块分别设置浮动。页面的 HTML 结构代码如下。

```html
<!DOCTYPE html>
<html>
<head>
    <meta charset="utf-8">
    <title>二列布局</title>
    <link href="style2.css" rel="stylesheet" type="text/css" />
</head>
<body>
    <header>页面头部</header>
    <nav>导航</nav>
    <div class="banner">焦点图</div>
    <div class="content">
        <div class="left">左侧内容</div>
        <div class="right">右侧内容</div>
    </div>
```

```
    <footer>页面底部</footer>
</body>
</html>
```

创建外部样式表文件 style2.css，代码如下。

```
/* CSS 文件 */
body {
    margin: 0;
    padding: 0;
    font-size: 24px;
    text-align: center;
}
header {                        /*页面头部*/
    width: 1000px;
    height: 120px;
    background-color: #ccc;
    margin: 0 auto;
}
nav {                           /*导航*/
    width: 1000px;
    height: 30px;
    background-color: #ccc;
    margin: 5px auto;
}
.banner {                       /*焦点图*/
    width: 1000px;
    height: 80px;
    background-color: #ccc;
    margin: 0 auto;
}
.content {                      /*内容*/
    width: 1000px;
    height: 300px;
    margin: 5px auto;
    overflow: hidden;           /*清除子元素浮动对父元素的影响*/
}
.left {                         /*左侧内容*/
    width: 290px;
    height: 300px;
    background-color: #ccc;
    float: left;                /*左浮动*/
}
.right {                        /*右侧内容*/
    width: 700px;
    height: 300px;
    background-color: #ccc;
    float: right;               /*右浮动*/
}
footer {                        /*页面底部*/
    width: 1000px;
    height: 80px;
    background-color: #ccc;
```

```
    margin: 0 auto;
}
```

浏览网页，效果如图 9-11 所示。

3. 三列布局

微课 9-3：三列
布局

对于内容比较多的网站，有时需要采用三列布局。三列布局实际上是将中间内容分成左、中、右 3 部分。

例 9-7　在项目 chapter09 中再新建一个网页文件，对页面进行三列布局，效果如图 9-12 所示，文件名为 example07.html。

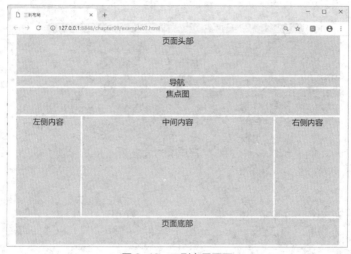

图 9-12　三列布局页面

从图 9-12 可以看出，中间内容被分成了左、中、右 3 部分，布局时应将 3 个小块放在中间的大块中，然后为 3 个块分别设置浮动。页面的 HTML 结构代码如下。

```html
<!DOCTYPE html>
<html>
<head>
    <meta charset="utf-8">
    <title>三列布局</title>
    <link href="style3.css" rel="stylesheet" type="text/css" />
</head>
<body>
    <header>页面头部</header>
    <nav>导航</nav>
    <div class="banner">焦点图</div>
    <div class="content">
        <div class="left">左侧内容</div>
        <div class="middle">中间内容</div>
```

```
            <div class="right">右侧内容</div>
     </div>
     <footer>页面底部</footer>
</body>
</html>
```

创建外部样式表文件 style3.css，代码如下。

```
/* CSS 文件*/
body {
    margin: 0;
    padding: 0;
    font-size: 24px;
    text-align: center;
}
header {                        /*页面头部*/
    width: 1000px;
    height: 120px;
    background-color: #ccc;
    margin: 0 auto;
}
nav {                           /*导航*/
    width: 1000px;
    height: 30px;
    background-color: #ccc;
    margin: 5px auto;
}
.banner {                       /*焦点图*/
    width: 1000px;
    height: 80px;
    background-color: #ccc;
    margin: 0 auto;
}
.content {                      /*内容*/
    width: 1000px;
    height: 300px;
    margin: 5px auto;
    overflow: hidden;           /*清除子元素浮动对父元素的影响*/
}
.left {                         /*左侧内容*/
    width: 200px;
    height: 300px;
    background-color: #ccc;
    float: left;                /*左浮动*/
}
.middle {                       /*中间内容*/
    width: 590px;
    height: 300px;
    background-color: #ccc;
    float: left;                /*左浮动*/
    margin: 0 5px;
}
.right {                        /*右侧内容*/
```

```
    width: 200px;
    height: 300px;
    background-color: #ccc;
    float: right;                        /*右浮动*/
}
footer {                                 /*页面底部*/
    width: 1000px;
    height: 80px;
    background-color: #ccc;
    margin: 0 auto;
}
```

> **注意** 因为很多浏览器在显示未指定 width 属性的浮动元素时会出现 Bug。所以，一定要为浮动的元素指定 width 属性。

4. 通栏布局

现在很多流行的网站采用通栏布局，即网页中的一些模块，如页面头部、导航和页面底部等经常需要通栏显示。也就是说，无论页面放大或缩小，这些通栏模块始终保持与浏览器一样的宽度。学院网站主页布局就采用了该种布局方式，如图 9-13 所示。

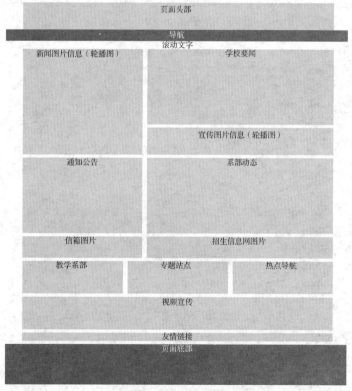

图 9-13　通栏布局页面

在图 9-13 中，导航和页面底部为通栏布局，它们与浏览器的宽度保持一致。通栏布局的关键在于将通栏模块的宽度设置为 100%，即与浏览器一样宽。

该布局页面将在 9.3 节中实现。

前面所讲的布局方式是网页的基本布局方式，实际上，在设计网站时需要综合运用这几种布局，从而实现各种各样的网页布局样式。

9.3 任务实现

微课 9-4：任务
实现

在项目 chapter09 中再新建一个网页文件，文件名为 index.html，在页面中首先搭建布局块结构，然后定义各个布局块的样式。

9.3.1 搭建布局块结构

分析图 9-13 所示的学院网站主页布局页面效果，该页面采用通栏布局。先搭建该页面的布局块结构。

打开文件 index.html，添加页面结构代码如下。

```html
<!DOCTYPE html>
<html>
<head>
    <meta charset="utf-8">
    <title>学院网站主页布局</title>
    <link href="style.css" rel="stylesheet" type="text/css" />
</head>
<body>
    <!--头部开始-->
    <header>页面头部 </header>
    <!--头部结束-->
    <!--导航开始-->
    <nav>
        <div class="navCon">导航</div>
    </nav>
    <!--导航结束-->
    <!--滚动文字-->
    <div class="blank">滚动文字 </div>
    <!--滚动文字结束-->
    <!--主体部分开始-->
    <div class="main">
        <!--onerow 开始-->
        <div id="onerow">
            <div class="ppt1">新闻图片信息（轮播图）</div><!--图片信息（轮播图）-->
            <div class="onerowR">
                <div class="imnews1">学校要闻</div>
                <div class="ppt2">宣传图片信息（轮播图）</div>
            </div>
        </div>
        <!--onerow 结束-->
        <!--tworow 开始-->
        <div id="tworow">
            <div class="notice">通知公告</div>
```

```
                    <div class="imnews2">系部动态</div>
            </div>
            <!--tworow 结束-->
            <!--threerow 开始-->
            <div id="threerow">
                    <div class="mail">信箱图片 </div>
                    <div class="threerowR">招生信息网图片 </div>
            </div>
            <!--threerow 结束-->
            <!--fourow 开始-->
            <div id="fourrow">
                    <div class="product1">教学系部 </div>
                    <div class="product2">专题站点 </div>
                    <div class="product2">热点导航 </div>
            </div>
            <!--fourow 结束-->
            <!--fiverow 开始-->
            <div id="fiverow">视频宣传 </div>
            <!--fiverow 结束-->
    </div>
    <!--主体部分结束-->
    <!--友情链接开始-->
    <div class="link">友情链接 </div>
    <!--友情链接结束-->
    <!--页脚开始-->
    <footer>
            <div class="footerCon ">页面底部</div>
    </footer>
    <!--页脚结束-->
</body>
</html>
```

上述代码定义了网页需要的布局块，用<header>标记放置页面头部内容，用<nav>标记构建页面导航，用<footer>标记存放页脚信息，其他块使用<div>标记。浏览网页，效果如图 9-14 所示。

图 9-14　没有添加样式的页面

9.3.2 定义布局块 CSS 样式

搭建页面布局块后，使用 CSS 外部样式表设置页面中各个块的样式，创建外部样式表文件 style.css，在 index.html 文件的<head>标记内添加如下代码，将外部样式表文件链接到页面文件中。

```
<link href="style.css" rel="stylesheet" type="text/css" />
```

样式表文件代码如下。

```css
/* CSS 文件 */
* {
    margin:0;
    padding:0;
    border:0;
}
body {
    text-align: center;
    font-size:20px;
}
header {                    /*页面头部*/
    width: 1200px;
    height: 100px;
    margin: 0 auto;
    background: #CCC;
}
nav {                      /*导航*/
    width: 100%;           /*和浏览器一样宽*/
    height: 42px;
    background: rgb(28,75,169);
}
.navCon{                   /*导航中的内容*/
    width: 1200px;
    height: 42px;
    margin: 0 auto;
    color: #FFF;
}
.blank {                   /*滚动文字*/
    width: 1200px;
    height: 30px;
    margin: 0 auto;
    background: #FFF;
}
.main {                    /*主体部分*/
    width: 1200px;
    overflow: hidden;
    margin: 0px auto;
}
#onerow {                  /*主体部分的第一行*/
    width: 1200px;
    height: 392px;
    margin-bottom: 12px;
```

```
        overflow: hidden;
}
.ppt1 {
    background: #CCC;
    width: 462px;
    height: 392px;
    float: left;
}
.onerowR {
    background: #FFF;
    width: 738px;
    height: 392px;
    float: left;
}
.imnews1 {
    background: #CCC;
    width: 720px;
    height: 280px;
    margin-bottom: 12px;
    margin-left: 18px;
}
.ppt2 {
    background: #CCC;
    width: 720px;
    height: 100px;
    margin-left: 18px;
}
#tworow {                  /*主体部分的第二行*/
    width: 1200px;
    height: 280px;
    margin-bottom: 12px;
    overflow: hidden;
}
.notice {
    background: #CCC;
    width: 462px;
    height: 280px;
    float: left;
}
.imnews2 {
    background: #CCC;
    width: 720px;
    height: 280px;
    margin-bottom: 12px;
    margin-left: 18px;
    float: left;
}
#threerow {                /*主体部分的第三行*/
    width: 1200px;
    height: 80px;
    margin-bottom: 12px;
}
.mail {
    width: 462px;
```

```
        height: 80px;
        float: left;
        background: #CCC;
    }
    .threerowR {
        background: #CCC;
        width: 720px;
        height: 80px;
        margin-left: 18px;
        float: left;
    }
    #fourrow {                    /*主体部分的第四行*/
        width: 1200px;
        height: 120px;
        margin-bottom: 12px;
        overflow: hidden;
    }
    .product1, .product2 {
        background: #ccc;
        width: 388px;
        height: 120px;
        float: left;
    }
    .product2 {
        margin-left: 18px;
    }
    #fiverow {                    /*主体部分的第五行*/
        width: 1200px;
        height: 122px;
        margin-bottom: 12px;
        background: #CCC;
    }
    .link {                       /*友情链接*/
        background: #CCC;
        width: 1200px;
        height: 30px;
        margin: 0px auto;
        margin-bottom: 12px;
    }
    footer {                      /*页脚*/
        width: 100%;              /*和浏览器一样宽*/
        height: 150px;
        background: rgb(28, 75, 169);
    }
    .footerCon {                  /*页脚内容*/
        width: 1200px;
        height: 115px;
        margin: 0 auto;
        color: #FFF;
    }
```

　　浏览网页，效果如图 9-13 所示。学院网站主页采用通栏布局，目前采用这种布局的页面很多。学院网站主页和其他页面的具体实现将在任务 11 完成。本任务只实现了整体布局效果。

任务小结

本任务围绕学院网站主页布局，介绍了 HTML5 新增的结构标记，使用这些标记~~页结构的语义性，简化网页结构代码。如果不习惯使用这些标记，使用<div>定义各~~没问题。

学院网站主页采用了通栏布局，理解其布局方法是完成任务 11 的关键。本任务的~~点如表 9-1 所示。

表9-1　任务 9 的主要知识点

元素类型	格式	作用
HTML5 新增的结构标记	<header>…</header>	定义页面或页面中某一个区域的页眉
	<nav>…</nav>	定义页面内的导航链接
	<section>…</ section >	对页面内容进行分块
	<article>…</ article >	定义独立的内容
	<aside>…</ aside >	定义页面的附属信息
	<footer>…</ footer >	定义页面或区域的页脚

习题 9

一、单项选择题

1. HTML5 中的哪个标记可以包含所有通常放在页面头部的内容？（　　　）
   A）<header>　　　　　B）<nav>　　　　　C）<aritcle>　　　　　D）<section>

2. HTML5 中的哪个标记用于定义页面的导航链接？（　　　）
   A）<header>　　　　　B）<nav>　　　　　C）<aritcle>　　　　　D）<section>

3. HTML5 中的哪个标记经常用于定义一篇日志、一条新闻或用户评论等？（　　　）
   A）<header>　　　　　B）<nav>　　　　　C）<aritcle>　　　　　D）<section>

4. HTML5 中的哪个标记用来定义当前页面附属信息部分？（　　　）
   A）<header>　　　　　B）<nav>　　　　　C）<aside>　　　　　D）<section>

5. HTML5 中的哪个标记用于对网站或应用程序中页面上的内容进行分块？（　　　）
   A）<header>　　　　　B）<nav>　　　　　C）<aside>　　　　　D）<section>

二、判断题

1. 一个 HTML 页面可以包含多个<nav>标记，作为页面整体或不同部分的导航。（　　　）
2. 在 HTML5 中，<article>标记通常使用多个<section>标记进行划分。（　　　）
3. 在 HTML5 中，一个页面中<article>标记只能出现一次。（　　　）
4. 在 HTML5 中，没有标题的内容区块不要使用<section>标记定义。（　　　）
5. 在 HTML5 中，一个<section>标记通常由标题和内容组成。（　　　）
6. 在 HTML5 中，可以在<article>标记或者<section>标记中添加<footer>标记。（　　　）
7. 一个 HTML5 页面可以包含多个<footer>标记。（　　　）

的
「ML5 新增结构标记的使用方法。

用的 HTML5+CSS3 网页布局方式。

内容

二列布局创建美丽山东页面，页面宽度是 1000px，页面浏览效果如
。

图 9-15　第1题页面浏览效果

2. 创意设计：创建班级网站，自己搜集素材和文字，页面宽度设计为 1200px，灵活设计页面布局。

三、实训总结

你是如何为美丽山东页面清除浮动的？

四、拓展学习

通过 HTML5 手册查询 HTML5 新增的其他标记的使用方法，如<figure>标记、<figcaption>标记、<hgroup>标记、<details>标记、<summary>标记、<progress>标记、<meter>标记、<time>标记、<mark>标记和<cite>标记等。

////////// **扩展阅读**

响应式布局

2010 年 5 月，伊桑·马科特（Ethan Marcotte）提出响应式布局的概念。采用响应式布局技术设计的网站能同时兼容多种终端，由一个网站转变成多个网站，节省资源，为不同终端的用户提供更加舒适的界面和更好的用户体验。

一、响应式布局的优缺点

1. 优点

（1）面对不同分辨率的设备时，适应性较强

随着平板电脑、智能手机的普及，移动端用户越来越多，PC 端网站在移动端显示的内容过小。采用响应式布局技术设计的网站可以根据不同尺寸的终端，自动调整界面布局、内容，提供非常好的视觉展示效果，用户体验较好。

（2）节约设计开发成本

为满足用户需求，企业需要针对不同的设备制作 PC 端网站和移动端网站。但采用响应式布局技术只需要建一个响应式网站。企业采用响应式网站可以节省网站的制作费用，还可以实现一站多用。

2. 缺点

（1）对旧版 IE 的兼容不友好

响应式网站运用了很多 HTML5 新特性，而这些新特性只有较新的浏览器才支持，对旧版 IE 的兼容不友好。国内 IE 的用户不少，浏览器不兼容的问题可能会造成用户流失。

（2）加载时间长

响应式网站的实现方式往往是缩小或者隐藏 PC 端网站的内容，使之适应移动端。但隐藏的内容依然会加载，相比于非响应式网站，响应式网站加载的内容更多，加载的时间长。

（3）灵活性不足

内容比较多、带有功能性的网站做响应式网站设计，会导致移动端的界面非常长，需要根据移动端属性重新进行框架设计，实现难度大，实现成本高。

二、总结

结构简单、内容较少的网站比较适合做成响应式网站。内容较多且带有功能性的网站不适合做成响应式网站。随着响应式布局技术的不断发展，未来响应式网站可以在不同终端有更精彩的表现。

任务10
使用CSS3实现动画效果

为了追求更好的网页浏览与交互体验，用户对网站美观性和交互性的要求越来越高。CSS3 不仅可以实现页面的基本样式，还可以提供对动画的强大支持，可以实现旋转、缩放、移动和过渡等效果，提升用户的体验。本任务使用 CSS3 的过渡、变形等属性制作照片墙的动画效果。通过本任务的实现，掌握使用 CSS3 实现动画效果的各种方法。

学习目标：

※ 掌握通过 transition 属性生成过渡动画的方法；

※ 掌握通过 transform 属性生成 2D 和 3D 变形的方法；

※ 掌握通过 animation 属性创建关键帧生成动画的方法。

10.1 任务描述

制作照片墙页面，浏览效果如图 10-1 所示。具体要求如下。

（1）在页面中放入 6 张照片，照片大小为 240px×240px。鼠标指针移动到照片上时，显示相应的动画效果。

（2）鼠标指针移动到第一张照片上时，将照片变为圆形。

（3）鼠标指针移动到第二张照片上时，将照片逆时针旋转 60 度。

（4）鼠标指针移动到第三张照片上时，将照片顺时针旋转 360 度。

（5）鼠标指针移动到第四张照片上时，给照片添加阴影并且将照片逆时针旋转 10 度。

（6）鼠标指针移动到第五张照片上时，让照片产生 3D 变形、沿 y 轴旋转 180 度。

（7）鼠标指针移动到第六张照片上时，将照片放大 1.2 倍。

图 10-2 所示为鼠标指针移动到第一张照片上时的效果。

图 10-1　初始照片效果

图 10-2　鼠标指针移动到第一张照片上时的效果

10.2 知识准备

CSS3 动画是元素从一种样式逐渐改变为另一种样式的过程，通俗地讲，就是样式的转换过程。CSS3 用于制作动画的属性主要有 transition、transform 和 animation，分别用于实现过渡、变形和动画，使用这些属性实现的动画可以部分代替以往用 JavaScript 或 Flash 实现的动画。

10.2.1 过渡属性

CSS3 提供了强大的过渡属性，在元素从一种样式转变为另一种样式时添加效果，如颜色和形状的变换等。过渡效果使用过渡属性 transition 来定义，过渡属性是一个复合属性，它包含一系列子属性，主要包括 transition-property、transition-duration、transition-timing-function、transition-delay 等。表 10-1 所示为过渡属性的含义。

表 10-1　过渡属性

属性名	作用	属性值	描述
transition-property	指定应用过渡效果的 CSS 属性名称	none	没有属性会获得过渡效果
		all	所有属性都将获得过渡效果
		property	定义应用过渡效果的 CSS 属性名称，多个名称之间以逗号分隔
transition-duration	定义过渡效果持续的时间	time	默认值为 0，常用单位是秒（s）或毫秒（ms）
transition-timing-function	定义过渡效果的速度曲线	ease	慢速开始，中间变快，最后慢速结束的过渡效果，默认值
		linear	以相同速度开始至结束的过渡效果
		ease-in	慢速开始，逐渐加快的过渡效果
		ease-out	慢速结束的过渡效果
		ease-in-out	慢速开始和结束的过渡效果
		cubic-bezier	特殊的立方贝塞尔曲线效果，它的值为 0～1
transition-delay	定义过渡效果延迟时间	time	默认值为 0，常用单位是秒（s）或毫秒（ms）
transition	综合设置过渡的所有属性值	property duration timing-function delay	按照各属性顺序用一行代码设置 4 个参数值，属性顺序不能颠倒

例 10-1　在 HBuilderX 中新建空项目，项目名称为 chapter10，在项目内新建网页文件，使用 transition 的子属性设置过渡效果，文件名为 example01.html，代码如下。

```
<!DOCTYPE html>
<html>
<head>
    <meta charset="utf-8" />
    <title>背景颜色过渡</title>
    <style type="text/css">
        .box{
            width:300px;
            height:300px;
```

```
                    background-color:#f00;
                    margin:50px auto;
                    transition-property:background;             /* 设置应用过渡效果的属性*/
                    transition-duration:0.5s;                   /* 过渡效果持续的时间*/
                    transition-timing-function:ease-in-out; /* 过渡方式 */
                    transition-delay:0s;                        /*过渡效果的延迟时间 */
                }
                .box:hover{                          /* 设置鼠标指针移动到块元素上时的状态 */
                    background:#00f;                         /* 改变背景颜色 */
                }
        </style>
    </head>
    <body>
        <div class="box">过渡属性</div>
    </body>
</html>
```

代码中设置了应用过渡效果的属性、过渡效果持续的时间、过渡方式和延迟时间，当鼠标指针经过块元素时，背景颜色产生过渡效果，如图 10-3 和图 10-4 所示。

图 10-3　鼠标指针未经过块元素时的预览效果　　　　图 10-4　鼠标指针经过块元素时的预览效果

在上述样式代码中，分别设置了 transition-property、transition-duration、transition-timing-function 和 transition-delay 属性，为了简化代码，可使用 transition 属性进行综合设置，只需一行代码，代码如下。

```
.box{
    width:300px;
    height:300px;
    background-color:#f00;
    margin:50px auto;
    transition:background 0.5s ease-in-out;  /*综合设置过渡效果，最后一个值为 0，可以省略*/
}
```

> **注意**　使用 transition 属性设置过渡效果时，它的各个参数必须按照顺序来定义，不能颠倒；第三个和第四个参数可以省略，省略时表示以 ease 方式过渡，过渡效果的延迟时间为 0。

例 10-2　在项目 chapter10 中再新建一个网页文件，使用 transition 属性设置块元素的多种过渡效果，文件名为 example02.html，代码如下。

```
<!DOCTYPE html>
<html>
<head>
    <meta charset="utf-8">
    <title>多种过渡效果</title>
    <style type="text/css">
        .box{
            width:300px;
            height:300px;
            background-color:#FF0000;
            border:3px #0f0 solid;
            margin:50px auto;
            transition:all 1s ease-in;  /* 设置过渡效果的是所有属性，过渡时间为1s，过
渡效果是慢速开始、逐渐加快的*/
        }
        .box:hover{
            border:3px solid #f00;
            background-color:#0f0;
            border-radius:150px;
            box-shadow:5px 5px 10px #000;
        }
    </style>
</head>
<body>
    <div class="box"></div>
</body>
</html>
```

上述代码设置了边框、背景颜色、圆角半径和盒子阴影的过渡效果，当鼠标指针经过块元素时，块元素的边框样式、背景颜色、圆角半径和阴影都产生了过渡效果，如图 10-5 和图 10-6 所示。

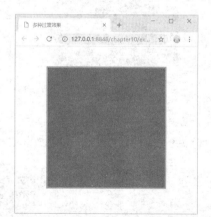

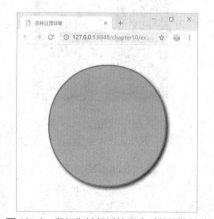

图 10-5　鼠标指针未经过块元素时的预览效果　　　图 10-6　鼠标指针经过块元素时的预览效果

例 10-3　在项目 chapter10 中再新建一个网页文件，使用 transition 属性设置图像的过渡效果，文件名为 example03.html，代码如下。

微课 10-1：实现
图片过渡效果

```
<!DOCTYPE html>
<html>
<head>
    <meta charset="utf-8">
    <title>图像的过渡效果</title>
```

```
    <style type="text/css">
        .photo{
            width:300px;
            height:300px;
            border:3px solid #FF0000;
            margin:50px auto;
            background: url(images/pic1.jpg) no-repeat center center;
            transition:all 0.5s ease-in-out;    /* 过渡效果 */
        }
        .photo:hover{
            background: url(images/pic2.jpg) no-repeat center center;
            border:3px solid #ff0;
            border-radius:50%;
        }
    </style>
</head>
<body>
    <div class="photo"></div>
</body>
</html>
```

上述代码设置了背景图像、边框和圆角半径的过渡效果，当鼠标指针经过块元素时，块元素的背景图像、边框和圆角半径都产生了过渡效果，如图 10-7 和图 10-8 所示。

图 10-7　鼠标指针未经过块元素时的效果

图 10-8　鼠标指针经过块元素时的效果

例 10-4　在项目 chapter10 中再新建一个网页文件，使用 transition 属性定义图片遮罩效果，文件名为 example04.html，代码如下。

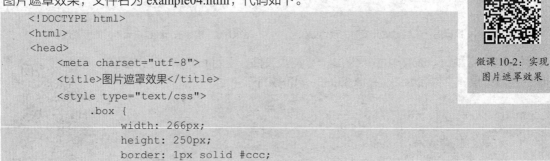

微课 10-2：实现
图片遮罩效果

```
<!DOCTYPE html>
<html>
<head>
    <meta charset="utf-8">
    <title>图片遮罩效果</title>
    <style type="text/css">
        .box {
            width: 266px;
            height: 250px;
            border: 1px solid #ccc;
```

```
            background: url(images/shuiguo.png) 0 0 no-repeat;
            margin: 20px auto;
            position: relative;              /* 相对定位 */
            overflow: hidden;                /* 隐藏溢出的内容 */
        }
        .box hgroup {                        /* 定义遮罩属性 */
            position: absolute;              /* 绝对定位 */
            left: 0;
            top: -250px;                      /* 在块元素的上方，不可见 */
            width: 266px;
            height: 250px;
            background: rgba(0, 0, 0, 0.5);/* 半透明 */
        }
        .box:hover hgroup {
            position: absolute;              /* 绝对定位 */
            left: 0;
            top: 0;
            transition: all 0.5s ease-in;    /*过渡效果 */
        }
        . box hgroup h2:nth-child(1) {       /* 设置第一个 h2 元素的样式 */
            font-size: 22px;
            text-align: center;
            color: #fff;
            font-weight: normal;
            margin-top: 58px;
        }
        . box hgroup h2:nth-child(2) {       /* 设置第二个 h2 元素的样式 */
            font-size: 14px;
            text-align: center;
            color: #fff;
            font-weight: normal;
            margin-top: 15px;
        }
        . box hgroup h2:nth-child(3) {       /* 设置第三个 h2 元素的样式 */
            width: 26px;
            height: 26px;
            margin-left: 120px;
            margin-top: 15px;
            background: url(images/jiantou.png) 0 0 no-repeat;
        }
        . box hgroup h2:nth-child(4) {       /* 设置第四个 h2 元素的样式 */
            width: 75px;
            height: 22px;
            margin-left: 95px;
            margin-top: 25px;
            background: url(images/anniu.png) 0 0 no-repeat;
        }
    </style>
</head>
<body>
    <div class="box">
```

```
                <hgroup>
                    <h2>一品水果 唇齿留香</h2>
                    <h2>泰国黑金刚莲雾</h2>
                    <h2></h2>
                    <h2></h2>
                </hgroup>
        </div>
    </body>
</html>
```

上述代码使用 transition 过渡属性使鼠标指针经过图片时产生图片遮罩效果，如图 10-9 和图 10-10 所示。

图 10-9　鼠标指针未经过图片时的效果

图 10-10　鼠标指针经过图片时的效果

上面的结构代码使用<hgroup>标记表示标题的组合标记。样式代码使用:nth-child()选择器用于选择元素。

10.2.2　变形属性

CSS3 中与动画相关的第二个属性是 transform 属性，其翻译成中文是"改变、转换"，它可以实现对元素的变形效果，如移动、倾斜、缩放以及翻转等。通过 transform 属性的变形函数能对元素进行 2D 或 3D 变形。

1.　2D 变形

在 CSS3 中，2D 变形主要包括平移、缩放、倾斜、旋转、改变中心点 5 种变化效果。

（1）translate(x,y)——平移

translate(x,y)函数用于重新定义元素的坐标，该函数的两个参数分别定义元素的水平和垂直坐标，参数值为像素值或者百分比，当参数为负数时，表示反方向移动元素（向上和向左移动）。如果省略了第二个参数，则取默认值 0。也可以使用 translateX(x)和 translateY(y)分别设置这两个参数。

例 10-5　在项目 chapter10 中再新建一个网页文件，使用 translate(x,y)函数定义平移效果，文件名为 example05.html，代码如下。

```
<!DOCTYPE html>
<html>
<head>
    <meta charset="utf-8">
    <title>平移效果</title>
    <style type="text/css">
        div {
```

```
            width: 100px;
            height: 100px;
            background-color: lightcoral;
        }
        #box2{
            transform: translate(100px,30px);/* 设置水平向右移动 100px，垂直向下移动
30px */                      }
    </style>
</head>
<body>
    <div id="box1">原始效果</div>
    <div id="box2">平移效果</div>
</body>
</html>
```

在上述代码中，通过 translate()方法将第二个盒子水平向右移动 100px，垂直向下移动 30px，网页效果如图 10-11 所示。

图 10-11　通过 translate()方法实现平移

（2）scale(x,y)——缩放

scale(x,y)函数用于设置元素的缩放效果，该函数的两个参数分别定义元素在水平和垂直方向的缩放倍数，参数值为大于 1 的正数、负数和大于 0 且小于 1 的小数，不需要加单位，其中大于 1 的正数用于放大元素，负数用于翻转元素后，再缩放元素，大于 0 且小于 1 的小数用于缩小元素。如果第二个参数省略，则第二个参数默认等于第一个参数。也可以使用 scaleX(x)和 scaleY(y)分别设置这两个参数。

例 10-6　在项目 chapter10 中再新建一个网页文件，使用 scale(x,y)函数定义缩放效果，文件名为 example06.html，代码如下。

```
<!DOCTYPE html>
<html>
<head>
    <meta charset="utf-8">
    <title>缩放效果</title>
    <style type="text/css">
        div {
            width: 100px;
            height: 100px;
            background-color:rgba(255,0,0,0.5);
        }
        #box2{
```

```
            position: absolute;
            left: 100px;
            top: 150px;
            background-color: red;
            transform: scale(2,1.2);      /* 设置宽度放大 2 倍，高度放大 1.2 倍 */
        }
        #box3{
            position: absolute;
            left: 260px;
            top: 150px;
            background-color: blue;
            transform: scale(0.5);         /* 宽度和高度均缩小为原来的一半*/
        </style>
</head>
<body>
    <div id="box1">原始效果</div>
    <div id="box2">放大效果</div>
    <div id="box3">缩小效果</div>
</body>
</html>
```

在上述代码中，通过 scale()方法将第二个盒子放大，将第三个盒子缩小，网页效果如图 10-12 所示。

图 10-12　通过 scale()方法实现缩放

（3）skew(x,y)——倾斜

skew(x,y)函数用于设置元素的倾斜效果，该函数的两个参数分别定义元素在水平和垂直方向的倾斜角度，参数值为角度数值，单位为 deg，取值为正数或者负数表示不同的倾斜方向。如果第二个参数省略，则第二个参数默认为 0。也可以使用 skewX(x)和 skewY(y)分别设置这两个参数。

例 10-7　在项目 chapter10 中再新建一个网页文件，使用 skew(x,y)函数定义倾斜效果，文件名为 example07.html，代码如下。

```
<!DOCTYPE html>
<html>
<head>
    <meta charset="utf-8">
    <title>倾斜效果</title>
    <style type="text/css">
        div {
            width: 100px;
```

```
            height: 100px;
            background-color: lightcoral;
        }
        #box2{
            position: absolute;
            left: 50px;
            top: 150px;
            transform: skew(45deg,10deg);   /* 设置水平倾斜 45 度，垂直倾斜 10 度 */
        }
    </style>
</head>
<body>
    <div id="box1">原始效果</div>
    <div id="box2">倾斜效果</div>
</body>
</html>
```

在上述代码中，通过 skew()方法将第二个盒子水平倾斜 45 度，垂直倾斜 10 度，网页效果如图 10-13 所示。

图 10-13　通过 skew()方法实现倾斜

（4）rotate(angle)——旋转

rotate(angle)函数用于设置元素的旋转效果，参数值为角度数值，单位为 deg，取值为正数或者负数，正数表示顺时针旋转，负数表示逆时针旋转。

例 10-8　在项目 chapter10 中再新建一个网页文件，使用 rotate(angle)函数定义旋转效果，文件名为 example08.html，代码如下。

```
<!DOCTYPE html>
<html>
<head>
    <meta charset="utf-8">
    <title>旋转效果</title>
    <style type="text/css">
        div {
            width: 100px;
            height: 100px;
            background-color: lightcoral;
        }
        #box2{
            transform: rotate(45deg);           /* 旋转 45 度 */
```

```
            }
        </style>
</head>
<body>
    <div id="box1">原始效果</div>
    <div id="box2">旋转效果</div>
</body>
</html>
```

在上述代码中，通过 rotate()方法将第二个盒子旋转 45 度，网页效果如图 10-14 所示。

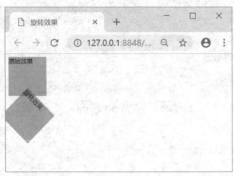

图 10-14　通过 rotate()方法实现旋转

（5）transform-origin——改变中心点

通过 transform 属性实现了元素的平移、缩放、倾斜、旋转效果，这些效果都是在元素的中心点不变的情况下进行的。默认情况下，元素的中心点在 x 轴和 y 轴的交叉位置，可以使用 transform-origin 属性改变中心点的位置。其基本语法格式如下。

```
transform-origin:x y z;
```

transform-origin 属性需要设置 x、y、z 这 3 个参数，默认值都是 50%，它们代表元素中心点的位置，x 和 y 可以是百分比、像素值等具体的值，也可以是 top、right、left、bottom 等关键词，z 不能是百分比，一般都是像素值。

例 10-9　在项目 chapter10 中再新建一个网页文件，使用 transform-origin 改变中心点，文件名为 example09.html，代码如下。

```
<!DOCTYPE html>
<html>
<head>
    <meta charset="utf-8">
    <title>改变中心点</title>
    <style type="text/css">
        div {
            width: 100px;
            height: 100px;
            background-color: rgba(255,0,0,0.5);
            position: absolute;
            left: 100px;
            top: 100px;
        }
        #box2{
            background-color: red;
            transform: rotate(45deg);                /* 旋转 45 度 */
```

```
        }
        #box3{
            background-color: yellow;
            transform-origin: 100px 100px;  /* 移动中心点 */
            transform: rotate(45deg);        /* 旋转 45 度 */
        }
    </style>
    </head>
    <body>
        <div id="box1">原始效果</div>
        <div id="box2">旋转效果</div>
        <div id="box3">改变中心点的旋转效果</div>
    </body>
    </html>
```

在上述代码中，通过 transform-origin 属性改变了 box3 盒子的中心点。第一个盒子在原始位置，第二个盒子在原来位置上旋转 45 度，第三个盒子将中心点在水平方向和垂直方向上分别向右和向上移动 100px 后旋转 45 度，网页效果如图 10-15 所示。

图 10-15　通过 transform-origin 属性改变中心点

下面采用 CSS3 的 transition 属性和 transform 属性实现淘宝衣服图片放大效果，当鼠标指针移动到图片上时，将图片放大。

例 10-10　在项目 chapter10 中再新建一个网页文件，使用 transition 属性和 transform 属性实现电商平台图片放大效果，文件名为 example10.html，代码如下。

```
<!DOCTYPE html>
<html>
<head>
    <meta charset="UTF-8">
    <title>淘宝衣服图片放大效果</title>
    <style>
        * {
            margin: 0;
            padding: 0;
            border:0;
        }
        div {
            width: 200px;
            height:200px;
            margin: 50px auto;
```

微课 10-3：实现
图片放大效果

```
                overflow: hidden;
            }
            div img {
                transition: all 1s;         /* 设置过渡效果 */
            }
            div:hover img {
                transform: scale(1.3);      /* 图片放大 1.3 倍 */
            }
        </style>
    </head>
    <body>
        <div><a href=""><img src="images/cloth.jpg" width="200" height="200"
alt=""></a></div>
    </body>
</html>
```

浏览网页，初始效果如图 10-16 所示，当鼠标指针停留在图片上时，图片放大 1.3 倍，如图 10-17 所示。

图 10-16　初始效果

图 10-17　鼠标指针停留在图片上时的放大效果

2. 3D 变形

既然 transform-origin 支持 z 轴的偏移，那么 transform 支持 3D 变形非常方便。3D 变形就是在 2D 变形的基础上加上 z 轴的变化，它更加注重空间位置的变化，用于 3D 变形的属性如表 10-2 所示。

表 10-2　3D 变形属性

属性名	值	描述
transform	translate3d(x,y,z)	定义 3D 变形
	translateX(x)	定义 3D 变形，仅用于设置 x 轴的值
	translateY(y)	定义 3D 变形，仅用于设置 y 轴的值
	translateZ(z)	定义 3D 变形，仅用于设置 z 轴的值
	scale3d(x,y,z)	定义 3D 缩放变形
	scaleX(x)	定义 3D 缩放变形，通过给定一个 x 轴的值进行缩放
	scaleY(y)	定义 3D 缩放变形，通过给定一个 y 轴的值进行缩放

续表

属性名	值	描述
transform	scaleZ(z)	定义 3D 缩放变形，通过给定一个 z 轴的值进行缩放
	rotate3d(x,y,z,angle)	定义 3D 旋转
	rotateX(angle)	定义沿 x 轴的 3D 旋转
	rotateY(angle)	定义沿 y 轴的 3D 旋转
	rotateZ(angle)	定义沿 z 轴的 3D 旋转
perspective	像素值	定义 3D 变形元素的透视距离

由于 3D 变形是在 2D 变形的基础上加上 z 轴的变化，而在 2D 变形中已经详细介绍了平移、旋转、缩放，所以在 3D 变形中不再一一介绍，仅以旋转为例简要说明 3D 变形的使用方法。

（1）rotate3d()——3D 旋转

rotate3d()是 rotateX()、rotateY()、rotateZ()的综合属性，用于定义多个轴的 3D 旋转，其语法格式如下。

```
rotate3d(x,y,z,angle);
rotateX(angle);
```

其中，x、y、z 可以取值 0 或 1。要沿着某个轴转动，就将该轴的值设置为 1，否则设置为 0。angle 是要旋转的角度，正数或者负数都可以，如果取值为正，则围绕某个轴顺时针旋转，否则逆时针旋转。rotateX(angle)中的 angle 也是定义的旋转角度，取值是相同的。

例 10-11　在项目 chapter10 中再新建一个网页文件，使用 rotate3d()实现 3D 旋转，文件名为 example11.html，代码如下。

```
<!DOCTYPE html>
<html>
<head>
    <meta charset="utf-8">
    <title>3D 旋转</title>
    <style type="text/css">
        div {
            width: 100px;
            height: 100px;
            background-color: rgba(255,0,0,0.5);
        }
        #box2{
            background-color: red;
            transform: rotateX(180deg);    /* 围绕 x 轴顺时针旋转 180 度 */
        }
    </style>
</head>
<body>
    <div id="box1">原始效果</div>
    <div id="box2">3D 旋转效果</div>
</body>
</html>
```

在上述代码中，第一个盒子显示原始效果，第二个盒子使用 rotateX()函数设置沿 x 轴旋转 180 度，网页效果如图 10-18 所示。

图 10-18　通过 rotate3d() 方法实现旋转

（2）perspective 属性——设置 3D 透视效果

perspective 属性用于设置 3D 透视效果，它对于 3D 变形来说至关重要，它可以理解为视距，属性值越小，透视效果越突出，取值为 none 或者具体的像素值。

例 10-12　在项目 chapter10 中再新建一个网页文件，使用 perspective 设置透视效果，文件名为 example12.html，代码如下。

```html
<!DOCTYPE html>
<html>
<head>
    <meta charset="utf-8">
    <title>设置透视效果</title>
    <style type="text/css">
        #div1{
            margin: 0 auto;
            width: 100px;
            height: 100px;
            border:1px solid red;
            perspective: 100px;                 /* 设置透视距离 */
        }
        .box1{
            width: 100px;
            height: 100px;
            background-color:rgba(255,0,0,0.5);
            transition: transform 4s ease;      /* 设置 3D 旋转花费 4s 时间过渡 */
        }
        .box1:hover{
            transform: rotateX(180deg);         /* 设置围绕 x 轴顺时针旋转 180 度 */
        }
        #div2{
            margin: 0 auto;
            width: 100px;
            height: 100px;
            border:1px solid red;
        }
        .box2{
            width: 100px;
            height: 100px;
            background-color: red;
            transition: transform 4s ease;
```

```
        }
        .box2:hover{
            transform: rotateX(180deg);          /* 设置围绕 x 轴顺时针旋转 180 度 */
        }
    </style>
</head>
<body>
    <div id="div1">
        <div class="box1">设置透视效果</div>
    </div>
    <div id="div2">
        <div class="box2">未设置透视效果</div>
    </div>
</body>
</html>
```

在上述代码中，对上面的盒子通过 perspective 属性设置透视效果，鼠标指针经过时的效果如图 10-19 所示；下面的盒子没有设置透视效果，鼠标指针经过时的效果如图 10-20 所示。

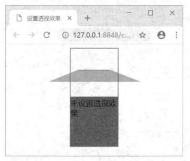

图 10-19　上面盒子的透视效果　　　　图 10-20　下面盒子未设置透视效果

例 10-13　在项目 chapter10 中再新建一个网页文件，盒子中放入两张图片，鼠标指针移动到图片上时，实现图片的翻转效果，如图 10-21～图 10-23 所示。文件名为 example13.html，代码如下。

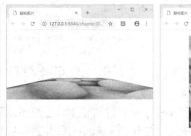

微课 10-4：实现
图片翻转效果

图 10-21　显示第一张图片　　　图 10-22　图片翻转　　　图 10-23　翻转后显示第二张图片

```
<!DOCTYPE html>
<html>
<head>
    <meta charset="utf-8">
    <title>翻转图片</title>
    <style type="text/css">
        .box {
            width: 300px;
```

```
            height: 300px;
            margin: 20px auto;
            position: relative;
            perspective: 230px;                /*设置元素与查看位置的距离*/
        }
        .box img {
            position: absolute;
            left: 0;
            top: 0;
            backface-visibility: hidden;       /*隐藏被旋转的div元素的背面*/
            transition: all 1s ease-in 0s;
        }
        .box img.fan {
            transform: rotateX(-180deg);       /* 第二张图片显示在背面不可见 */
        }
        .box:hover img.fan {
            transform: rotateX(0deg);          /* 第二张图片翻转到正面，可见 */
        }
        .box:hover img.zheng {
            transform: rotateX(180deg);        /*第一张图片翻转到背面，不可见 */
        }
    </style>
</head>
<body>
    <div class="box">
        <img class="zheng" src="images/mangguo1.jpg" alt="">
        <img class="fan" src="images/mangguo2.jpg" alt="">
    </div>
</body>
</html>
```

上述代码通过设置样式，使第一张图片在上面显示，第二张图片在下面显示，两张图片重叠。鼠标指针移动到盒子上时，旋转图片，第一张图片不可见，第二张图片可见。设置盒子的 perspective 属性实现透视效果，其值越小，透视效果越明显。

10.2.3　动画属性

微课 10-5：动画
属性

　　CSS3 除了支持过渡和变形动画外，还可以通过动画属性（animation）创建帧动画，从而实现更为复杂的动画效果。

　　animation 属性与 transition 属性类似，都是通过改变元素的属性值来实现动画效果的。它们的区别在于，使用 transition 属性时，只能指定属性的开始值与结束值，然后在两个属性值之间通过平滑过渡来实现动画效果，不能实现比较复杂的动画；而 animation 属性定义多个关键帧以及每个关键帧中元素的属性值，来实现更为复杂的动画效果。

1. @keyframes——定义关键帧

@keyframes 规则用于定义动画的关键帧，animation 属性必须配合@keyframes 规则才能实现动画效果。其基本语法格式如下。

```
@keyframes animationname {
```

```
keyframes-selector{css-styles}
}
```

在上述语法格式中，animationname 是当前动画的名称，Keyframes-selector 是关键帧选择器，通俗地说就是动画发生的位置，可以是百分比、from 或 to，css-styles 是 CSS 样式属性的结合，也就是执行到当前关键帧时对应的动画状态。

例如，下面的代码定义了关键帧，共 5 帧，在每帧中设置 left 和 top 属性，让它们的值发生改变，产生动画。

```
@keyframes ball {
    0% {left:0;top:0;}
    25% {left:200px;top:0;}
    50% {left:200px;top:200px;}
    75% {left:0;top:200px;}
    100% {left:0;top:0;}
}
```

说明 定义关键帧并不能产生动画效果，还需要设置 animation 属性才行。

2. 设置动画属性

动画属性同样也是复合属性，可以直接设置 animation，也可以分别设置它的一系列子属性，这些子属性主要包括 animation-name、animation-duration、animation-timing-function、animation-delay、animation-iteration-count、animation-direction 等。表 10-3 列出了这些属性的基本语法及其属性值。

表 10-3　动画属性

属性名	作用	属性值	描述
animation-name	指定要应用的动画名称	none	不应用动画
		keyframename	指定应用的动画名称，即 @keyframes 定义的动画名称
animation-duration	定义动画效果完成所需的时间	time	默认值为 0，常用单位是秒（s）或毫秒（ms）
animation-timing-function	定义动画效果的速度曲线	ease	平滑过渡
		linear	线性过渡
		ease-in	由慢到快
		ease-out	由快到慢
		ease-in-out	由慢到快再到慢
		cubic-bezier	特殊的立方贝塞尔曲线效果
animation-delay	定义动画效果延迟时间	time	默认值为 0，常用单位是秒（s）或毫秒（ms）
animation-iteration-count	定义动画的播放次数	count	播放次数
		infinite	无限次
animation-direction	定义动画的播放方向	normal	默认值，动画每次都正方向播放
		alternate	第偶数次正方向播放，第奇数次反方向播放
animation	综合设置动画的所有属性值	name duration timing-function delay iteration-count direction	按照各属性顺序用一行代码设置 6 个参数值，属性顺序不能颠倒

例如，使用 animation 各子属性创建动画的格式代码如下。

```
animation-name: keyframename;         /*定义动画名称*/
animation-duration:time;              /*定义动画持续时间*/
animation-timing-function:ease;       /*定义动画速度曲线*/
animation-delay:time;                 /*定义动画延迟播放的时间*/
animation-iteration-count:count;      /*定义动画播放次数*/
animation-direction: normal;          /*定义动画方向*/
```

使用 animation 属性设置动画时，和 transition 属性类似，一般通过 animation 综合属性进行设置，其基本语法格式如下。

```
animation:animation-name animation-duration animation-timing-function animation-
delay animation-iteration-count animation-direction;
```

在上述语法中，必须指定第一个和第二个子属性，即 animation-name 和 animation-duration，否则动画不会播放。animate 属性也可以拆解为如下子属性的设置。

例 10-14　在项目 chapter10 中再新建一个网页文件，使用 animation 属性创建简单动画，文件名为 example14.html，代码如下。

```html
<!DOCTYPE html>
<html>
<head>
    <meta charset="utf-8">
    <title>简单动画</title>
    <style type="text/css">
    div{
        position: absolute;
        width: 100px;
        height: 100px;
        background-color: red;
        animation: ball 3s ease 0s 3 alternate;  /* 设置 ball 动画持续 3s, 正方向交替
播放 3 次 */
        /* 分开设置为如下 6 行代码
        animation-name: ball;                 设置动画名称
        animation-duration:3s;                设置持续时间
        animation-timing-function:ease;       设置速度曲线
        animation-delay:0s;                   设置延迟时间
        animation-iteration-count:3;          设置播放次数
        animation-direction: alternate;       设置方向*/
    }
    @keyframes ball{
        from{
            left: 0px;
        }
        to{
            left: 300px;
            border-radius: 50px;
        }
    }
    </style>
</head>
<body>
```

```
        <div></div>
</body>
</html>
```

在上述代码中，通过 animation 属性设置动画效果。盒子初始效果如图 10-24 所示，然后开始从左向右移动，同时变成圆形，如图 10-25 所示。

图 10-24　初始效果

图 10-25　动画过程

接下来使用 CSS3 的 transform 属性和 animation 属性实现旋转的魔方。

例 10-15　在项目 chapter10 中再新建一个网页文件，使用动画属性制作旋转的魔方，文件名为 example15.html，代码如下。

```
<!DOCTYPE html>
<html>
<head>
    <meta charset="UTF-8">
    <title>魔方</title>
    <style type="text/css">
        * {
            margin: 0;
            padding: 0;
        }
        body {
            background: #000;
        }
        .magic {
            transform-style: preserve-3d;       /* 规定如何在 3D 空间中呈现被嵌套的元素 */
            animation: rotate 60s linear infinite;  /* 设置动画 */
        }
        @keyframes rotate {
            50% {
                transform-origin: center center;
                transform: rotateY(3600deg) rotateX(3600deg);
            }
        }
        .magic_a {
            margin: 300px;
            transform: translateZ(-150px);
        }
        .magic_b {
            transform: rotateY(90deg) translateX(150px);
            transform-origin: right;
            position: absolute;
            top: 300px;
            left: 0;
        }
```

```
        .magic_c {
            transform: rotateY(270deg) translateX(-150px);
            transform-origin: left;
            position: absolute;
            top: 300px;
            left: 600px;
        }
        .magic_d {
            position: absolute;
            transform: translateZ(150px);
            top: 300px;
            left: 300px;
        }
        .magic_e {
            transform: rotateX(270deg) translateX(-150px) translateY(150px);
            transform-origin: bottom;
            position: absolute;
            top: 0;
            left: 450px;
        }
        .magic_f {
            transform: rotateX(90deg) translateZ(-150px) translateY(-150px);
            transform-origin: top;
            position: absolute;
            top: 450px;
            left: 300px;
        }
    </style>
</head>
<body>
    <div class="magic">
        <img class="magic_a" src="images/photo.png" alt=" ">
        <img class="magic_b" src="images/photo.png" alt=" ">
        <img class="magic_c" src="images/photo.png" alt=" ">
        <img class="magic_d" src="images/photo.png" alt=" ">
        <img class="magic_e" src="images/photo.png" alt=" ">
        <img class="magic_f" src="images/photo.png" alt=" ">
    </div>
</body>
</html>
```

浏览网页，效果如图 10-26 所示。

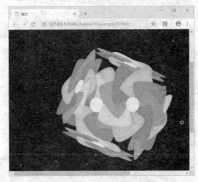

图 10-26　旋转的魔方

注意 目前大部分浏览器都支持 transition 属性、transform 属性和 animation 属性，但部分浏览器和早期版本的浏览器对这些属性支持得不是很好，书写代码时需要添加这些浏览器的私有属性。例如，下面的代码说明了各浏览器需要添加的私有属性。

```
-webkit-transform:rotate(-3deg); /* Chrome/Safari 浏览器*/
-moz-transform:rotate(-3deg); /*火狐浏览器*/
-ms-transform:rotate(-3deg); /*IE*/
-o-transform:rotate(-3deg); /*Opera 浏览器*/
```

前面的案例为了简化代码，没有添加这些浏览器的私有属性，实际应用时应该添加这些私有属性。

10.3 任务实现

在项目 chapter10 中再新建一个网页文件，利用过渡和变形等属性实现照片墙效果，文件名为 photos.html，在文件中首先添加照片，即搭建页面结构，然后给每张照片添加不同的动画样式。

微课 10-6：任务
实现

10.3.1 搭建照片墙页面结构

分析图 10-27，页面中有 6 张照片，可以使用无序列表<ul>来定义，每张照片放入一个列表项<li>中。

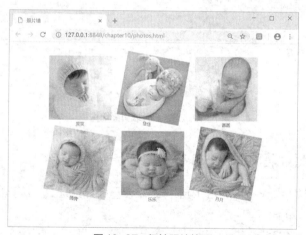

图 10-27 初始照片效果

打开新创建的文件 photos.html，添加照片墙页面结构代码如下。

```
<!DOCTYPE html>
<html>
<head>
    <meta charset="utf-8">
    <title>照片墙</title>
</head>
</head>
<body>
```

```
        <ul class="photos">
            <li> <a href="baby1.png" title="笑笑"> <img src="images/baby1.png" alt="
笑笑" class="img1"></a> </li>
            <li> <a href="baby1.png" title="佳佳"> <img src="images/baby2.png" alt="
佳佳" class="img2"></a> </li>
            <li> <a href="baby1.png" title="圆圆"> <img src="images/baby3.png" alt="
圆圆" class="img3"></a> </li>
            <li> <a href="baby1.png" title="倩倩"> <img src="images/baby4.png" alt="
倩倩" class="img4"></a> </li>
            <li> <a href="baby1.png" title="乐乐"> <img src="images/baby5.png" alt="
乐乐" class="img5"></a> </li>
            <li> <a href="baby1.png" title="月月"> <img src="images/baby6.png" alt="
月月" class="img6"></a> </li>
        </ul>
    </body>
</html>
```

浏览网页，效果如图 10-28 所示。

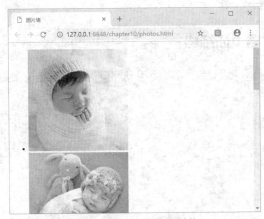

图 10-28　照片墙页面结构

10.3.2　定义照片墙页面 CSS 样式

搭建照片墙页面结构后，使用 CSS 内部样式表设置各元素样式，将该部分代码放入<head>和</head>标记之间，代码如下。

```
<style type="text/css">
body,ul,li,img{
    margin: 0;
    padding: 0;
    border: 0;
}
ul,li {
    list-style: none;
}
.photos {
    width: 880px;
    height: 520px;
```

```
        margin: 50px auto;
}
.photos li {
    float: left;
    width: 240px;
    height: 240px;
    margin-left: 40px;
    margin-bottom: 40px;
}
.photos li a {
    display: inline-block;            /* 变为行内块元素 */
    width: 240px;
    height: 240px;
    text-align: center;
    text-decoration: none;
    color: #333;
}
.photos a:after {                     /*: after 选择器表示在被选元素的内容后面插入内容*/
    content: attr(title);             /* 把婴儿的名字显示到超链接的后面*/
}
.photos li:nth-child(even)  a {       /*第偶数个元素的样式 */
    transform: rotate(10deg);         /*顺时针旋转 10 度 */
}
.photos img {
    width: 240px;
    height: 240px;
    transition: all 0.5s ease;        /* 过渡效果 */
}
.photos li:hover .img1 {
    border-radius: 50%;               /* 第一张照片变为圆形 */
}
.photos li:hover .img2 {
    border: 3px solid #ff0;
    transform: rotate(-60deg);        /* 第二张照片逆时针旋转 60 度 */
}
.photos li:hover .img3 {
    transform: rotate(360deg);        /* 第三张照片顺时针旋转 360 度 */
}
.photos li:hover .img4 {
    box-shadow: 10px 10px 10px #333;/* 第四张照片添加阴影 */
    transform: rotate(-10deg);        /* 第四张照片逆时针旋转 10 度 */
}

.photos li:hover .img5 {
    transform: rotateY(180deg);       /* 第五张照片产生 3D 变形并且沿 y 轴旋转 180 度 */
}

.photos li:hover .img6 {
    transform: scale(1.2);            /* 第六张照片放大 1.2 倍 */
}
</style>
```

205

　　浏览网页，当鼠标指针移动到照片上时，呈现相应的动画效果。图 10-29 所示是鼠标指针移动到第二张照片上时，照片添加黄色边框并逆时针旋转 60 度的效果。

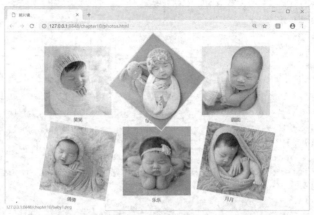

图 10-29　鼠标指针移动到第二张照片上的效果

任务小结

　　本任务介绍了 CSS3 中制作动画的各种属性，利用过渡属性、变形属性和动画属性能制作过渡、变形等动画效果。本任务介绍的主要知识点如表 10-4 所示。

表 10-4　任务 10 的主要知识点

属性名	作用	属性值	描述
transition	综合设置过渡的所有属性值	property duration timing-function delay	按照过渡属性、过渡时间、速度曲线、延迟时间依次设置 4 个参数值，属性顺序不能颠倒
transform	2D 变形	translate(x,y) scale(x,y) skew(x,y) rotate(angle)	平移、缩放、倾斜和旋转等
	3D 变形	rotateX(angle) rotateY(angle) rotateZ(angle)等	沿 x 轴、y 轴和 z 轴的 3D 旋转
animation	综合设置动画的所有属性值	name duration timing-function delay iteration-count direction	按照动画名称、持续时间、速度曲线、延迟时间、播放次数、动画方向依次设置 6 个参数值，属性顺序不能颠倒

习题 10

一、单项选择题

1. transition-timing-function 属性规定过渡效果的速度曲线，其默认值为（　　　）。

A）ease　　　　　　　　B）linear　　　　　　　　C）ease-in　　　　　　　　D）ease-out

2. 在 3D 变形中，指定元素仅围绕 x 轴旋转的函数是（　　　　）。

　A）rotateX()　　　　　　　　　　　　B）rotateY()

　C）rotateZ()　　　　　　　　　　　　D）rotate3d ()

3. 用于定义动画开始前将会延迟 2s，然后才开始执行的代码是（　　　　）。

　A）animation-duration:2s;　　　　　　B）animation-timing-function:2s;

　C）animation-delay:2s;　　　　　　　D）animation-direction:2s;

4. 设定动画在奇数次数正常播放，在偶数次数逆向播放的代码为（　　　　）。

　A）animation-direction:alternate;　　　B）animation-direction:normal;

　C）animation-direction:true;　　　　　D）animation-direction:false;

5. 下列选项中，用于定义动画效果需要播放 3 次的代码是（　　　　）。

　A）animation:3;　　　　　　　　　　B）animation-timing-function:3;

　C）animation-delay:3;　　　　　　　　D）animation-iteration-count:3;

6. 认真阅读下列代码，并按要求作答。

```
animation-name:mymove;                    /*定义动画名称*/
animation-duration:5s;                     /*定义动画时间*/
animation-timing-function:linear;          /*定义动画速度曲线*/
animation-delay:2s;                         /*定义动画延迟时间*/
animation-iteration-count:3;                /*定义动画的播放次数*/
animation-direction:alternate;              /*定义动画播放的方向*/
```

animation 属性是一个复合属性，下列选项中，可以同时设置上述属性的代码为（　　　　）。

　A）animation: mymove 3 2s linear 5s alternate;

　B）animation: mymove linear 2s 5s 3 alternate;

　C）animation: mymove 2s linear 5s 3 alternate;

　D）animation: mymove 5s linear 2s 3 alternate;

二、判断题

1. CSS3 变形是一系列效果的集合，如平移、旋转、缩放和倾斜等，每个效果都被称作变形效果。（　　　）

2. 在 3D 变形中，可以让元素围绕 x 轴、y 轴、z 轴旋转。（　　　）

实训 10

微课 10-7：
实训 10 参考步骤

一、实训目的

1. 掌握过渡属性、变形属性和动画属性的使用。

2. 熟练使用 CSS 相关属性创建动画效果。

二、实训内容

1. 创建网页，在大图像的中心位置显示小图像，如图 10-30 所示。

提示　在页面中创建两个盒子。大盒子包含小盒子，两个小盒子分别设置两个背景图片，利用 transform 属性的平移动能，使小盒子移动到大盒子的中心位置。

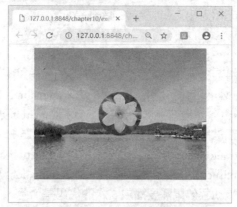

图 10-30　第 1 题页面浏览效果

2. 利用 transition 属性和 transform 属性创建导航条翻转效果。当鼠标指针移动到导航项时，导航项会发生翻转效果，初始效果如图 10-31 所示。

图 10-31　第 2 题导航条初始效果

3. 利用 transition 属性和 transform 属性创建扑克牌翻转效果。鼠标指针移动到第一张图片上时，产生图片围绕 y 轴旋转的变形效果；鼠标指针移动到第二张图片上时，产生图片围绕 x 轴旋转的变形效果。网页浏览效果如图 10-32 所示。

图 10-32　第 3 题页面浏览效果

三、实训总结

1. 写出使用过渡属性的格式和变形属性的常用函数。
2. 在使用过渡、变形和动画等属性时，Chrome 浏览器和 IE 分别需要添加什么私有属性？

四、拓展学习

通过 CSS3 手册进一步学习利用 animation 属性创建动画的方法。

扩展阅读

HTML5 的 canvas 元素

canvas 是 HTML5 新增的元素，使用 JavaScript 可在其中绘制图像。它可以用来制作照片集或者简单的动画，甚至可以进行实时视频处理和渲染。

canvas 是由 HTML 代码配合高度和宽度属性定义出的可绘制区域，JavaScript 代码可以访问该区域，类似于其他通用的二维 API，而 canvas 提供了多种绘制路径、矩形、圆形、字符以及添加图像的方法，可以创建丰富的图形引用。下面以绘制矩形为例介绍 canvas 的使用。

1. 添加 canvas 元素

这里规定创建的元素的 id、宽度和高度。

```
<canvas id="myCanvas" width="200" height="100"></canvas>
```

2. 通过 JavaScript 绘制图形

canvas 元素本身没有绘图能力，所有的绘制工作必须在 JavaScript 内部完成，首先获取 canvas 对象，然后获取绘图环境。

```
<script type="text/javascript">
var c=document.getElementById("myCanvas"); //通过 id 获取 canvas 元素
var cxt=c.getContext("2d"); // getContext("2d") 对象是内建的 HTML5 对象，获取绘图环境
cxt.fillStyle="#FF0000"; //选择画笔的颜色
cxt.fillRect(0,0,150,75);//绘制矩形
</script>
```

任务11
完整项目：制作学院网站

11

本任务完成学院网站的整体设计与实现，从网站规划到使用 Photoshop 设计效果图，再到主页设计和其他页面设计，按照真实网站设计流程，完成静态网站的设计与实现。

学习目标：

※ 掌握使用 Photoshop 设计网页效果图的方法；

※ 掌握使用 HTML5+CSS3 进行网页布局的方法；

※ 掌握在网页中插入音频和视频的方法；

※ 了解 JavaScript 和 jQuery 技术的使用方法。

11.1 任务描述

未来信息学院是省人民政府批准设立、教育部备案的公办省属普通高等学校。学院具有 40 多年的办学历史，特别是计算机类、电子信息类专业享誉省内外。

未来信息学院网站主页浏览效果如图 11-1 所示。

图 11-1　未来信息学院网站主页

11.2 网站规划

在制作网站之前，需要对网站进行整体设计与规划，确保网站项目顺利实施。网站设计规划主要包括网站需求分析、网站风格定位、规划草图、项目计划等。

微课 11-1：网站
规划

1. 网站需求分析

设计未来信息学院网站旨在让任何人在任何时间、任何地点都能借助网站了解学院的基本情况，掌握最新招生与就业信息。通过该网站可以链接到招生信息网、团学在线网站、教务管理系统等。

未来信息学院网站的主要功能如图 11-2 所示。

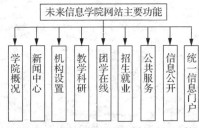

图 11-2 未来信息学院网站的主要功能

2. 网站的风格定位

网站定位是在需求分析的基础上进行策划的第一步。在需求分析的基础上确定网站的服务对象和内容是网站建设和发展的前提。网站的内容不可能面面俱到，这既超出了网站的能力，又会使网站失去个性。事实上对于网站来说，任何想吸引全部网民的做法都是错误的，在信息爆炸而个体差异极大的当下，网站能做的只是吸引特定的人群。网站的成功与正确的市场调查及网站定位是密不可分的。

未来信息学院网站是学校门户网站，它的主要用户为学生、教师及学生家长等，同时它是教育类的网站，采用蓝色为主色调，因为蓝色代表智慧，代表高科技，看起来清爽，给人宁静的感觉。蓝色是海洋、天空的颜色，让人充满遐想和向往。另外为了使网站充满活力，在网站上又运用了红色，让用户一眼就被网站亮丽的色彩所吸引。

3. 规划草图

对于一般的网站来说，一个项目往往从一个简单的界面开始，但要把所有元素组织到一起并不是一件容易的事。首先，画网站的草图，勾画出用户想要看到的内容。然后，将详细的描述交给美工，让他们知道每一页、每个版块要显示哪些内容。图 11-3 所示为未来信息学院网站主页的草图。

4. 项目计划

虽然每个 Web 网站在内容、规模、功能等方面都各有不同，但是有基本的开发流程可以遵循。从国内的门户网站，如搜狐、新浪，到个人主页，都要以基本相同的开发流程来完成。一般网站的开发流程如图 11-4 所示。

> **说明** 本网站只是静态网站，因此关于如何转换为动态网站和网站发布的内容，这里不做介绍。

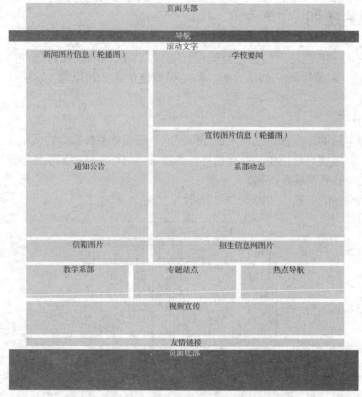

图 11-3　未来信息学院网站主页的草图

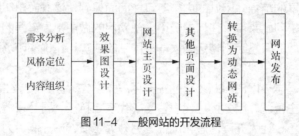

图 11-4　一般网站的开发流程

11.3　效果图设计

一般在开发网站之前都需要先由美工使用 Photoshop 等工具设计出网站的效果图，主要是主页的效果图，然后使用切片工具将效果图的素材图片切出，准备好图片等各种素材后，再使用 HBuilderX 等工具制作主页和其他页面。

11.3.1　效果图设计原则

效果图的设计原则：先背景后前景，先上后下，先左后右。

本网站主页最终的效果图如图 11-1 所示。

制作软件：Photoshop CC 中文版。

效果图设计中用到的主要知识点：

* 参考线的应用；

- 横排文字工具的应用；
- 直线工具的应用；
- 矩形工具的应用；
- 多边形套索工具的应用；
- 图层样式的应用；
- 切片工具的应用。

11.3.2 效果图设计步骤

设计主页效果图的步骤如下。

微课 11-2：
效果图设计步骤

（1）打开 Photoshop CC 软件，新建文件，命名为"学院主页效果图"，宽度为 1300px，高度为 1401px，背景颜色为白色，分辨率为 72px/inch。

（2）添加参考线。

选择"视图"｜"新建参考线"选项，添加 4 条垂直参考线，分别是 50px、1250px、512px、530px；添加 9 条水平参考线，分别是 100px、142px、172px、539px、834px、929px、1064px、1201px、1251px，完成后如图 11-5 所示。

（3）制作背景。

打开 bodybg.jpg，选择"编辑"｜"定义图案"选项，为祥云图案命名，如图 11-6 所示。将打开的 bodybg.jpg 窗口关闭。

图 11-5　添加参考线

图 11-6　图案命名

（4）选择油漆桶工具🪣，将填充选项改为"图案"，并在"图案"属性栏中选择刚才定义的祥云图案，如图 11-7 所示。在图像上单击，完成背景填充。

图 11-7　"图案"属性栏

（5）添加 Logo。

打开 logo.png，将图片复制到本文件中，放在最上方，效果如图 11-8 所示。

图 11-8　Logo

（6）设计导航条。

在图层面板中创建新的图层组，命名为"导航条"。在 Logo 下方，用矩形选框工具 ▣ 沿参考线画宽 1300px、高 42px 的矩形选区，如图 11-9 所示。新建一个图层，设置前景色为 RGB(28,75,169)，按 Alt+Delete 组合键填充前景色，然后按 Ctrl+D 组合键取消选区，效果如图 11-10 所示。

图 11-9　绘制矩形选框

图 11-10　填充前景色

用横排文字工具 T 在导航条上方单击创建文本图层，输入文本"网站首页"，设置字体为"微软雅黑"，字号为 14 px，字体颜色为白色。用同样的方法创建文本图层"学院概况""新闻中心""机构设置""教学科研""团学在线""招生就业""公共服务""信息公开""统一信息门户"。

用移动工具 ⊹ 将"网站首页"图层放在左侧适当位置，"统一信息门户"图层放在右侧适当位置，将刚创建的文本图层全部选中，单击"底对齐"按钮 ▥、"水平居中分布"按钮 ▥，让文本图层底对齐并水平居中分布，效果如图 11-11 所示。

图 11-11　添加导航条文本

（7）添加滚动文本。

用横排文字工具输入文本"学院名片>>教育部、中央军委政治工作部、军委国防动员部定向培养士官试点院校·电子信息产业国家高技能人才培训基地·国家示范性高职单独招生试点院校"，设置字体为"微软雅黑"，字号为 14 px，字体颜色为 RGB(205, 2, 2)，效果如图 11-12 所示。

图 11-12　添加滚动文本

（8）图片切换区。

在图层面板中创建新的图层组，命名为"onerow"。单击矩形选框工具，设置样式为"固定大小"，宽度为 462px，高度为 352px，如图 11-13 所示。新建图层，填充白色。打开 2.jpg 文件，将图片复制到本文件中，效果如图 11-14 所示。

样式： 固定大小 ‡ 宽度： 462 像 ⇄ 高度： 352 像

图 11-13 矩形选框固定大小

图 11-14 图片切换区

（9）学校要闻区。

新建图层，用矩形工具绘制一个宽 720px、高 250px 的矩形区域，填充白色。打开图片 head1.png，复制到本文件中，放到适当位置。输入文本"学校要闻"，设置字体为"微软雅黑"，字号为 14 px，字体颜色为白色，加粗。输入文本"‖College News"，文本颜色为 RGB(115, 115, 115)。输入文本"更多>>"，字体颜色为 RGB(115, 115, 115)，字号为 12px。用直线工具╱绘制浅灰色水平线，如图 11-15 所示。打开图片 10.jpg，复制到本文件中，放到适当位置。在图片下方输入文本"中国工业互联网研究院来我校交流访问"，字体颜色为#990000，字号为 12px。

图 11-15 直线工具参数

用圆角矩形工具▢绘制宽度、高度均为 6px 的圆角矩形，无描边，填充颜色为 RGB(0, 24, 255)。在图片右侧输入文本"学校联合发起成立软件行业产教联盟"，设置字体为"微软雅黑"，字体颜色为 RGB(60, 60, 60)，字号为 14px。在前面的文本右侧输入文本"2021-04-09"，字体颜色为 RGB(160, 160, 160)，字号为 14px。用同样的方法输入其他文本。

打开图片 6.jpg，将其复制到学院要闻的下方，效果如图 11-16 所示。

图 11-16 学校要闻区

（10）通知公告区。

在图层面板中创建新的图层组，命名为"tworow"。新建图层，用矩形工具绘制一个宽 462px、高 280px 的矩形区域，填充白色。新建图层，用矩形工具绘制一个宽 100px、高 38px 的矩形区域，填充颜色为 RGB(26, 74, 167)。用矩形工具绘制一个宽 442px、高 2px 的矩形区域，填充颜色为 RGB(26, 74, 167)。用移动工具调整两矩形的位置。输入文本"通知公告"，设置字体为"微软雅黑"，字号为 14px，字体颜色为白色。输入文本"更多>>"，颜色为 RGB(115, 115, 115)，字号为 12px，复制学校要闻区的要闻列表内容，并修改文本。完成后如图 11-17 所示。

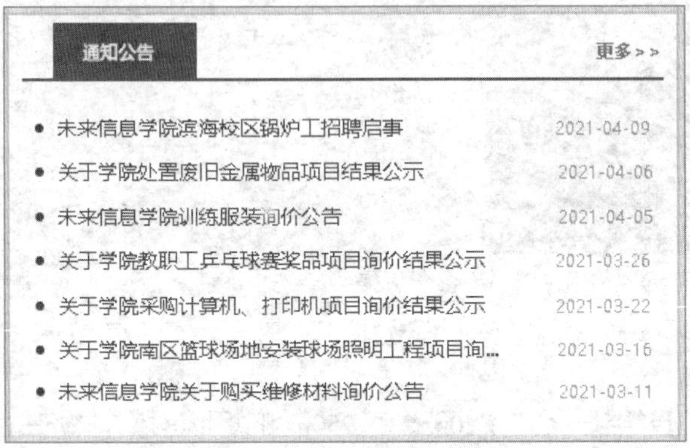

图 11-17　通知公告区

（11）系部动态。

将学校要闻区的图层复制，并修改图片及文本。完成后如图 11-18 所示。

图 11-18　系部动态

（12）统一信息门户、招生信息。

在图层面板中创建新的图层组，命名为"threerow"，添加图片。完成后如图 11-19 所示。

图 11-19　统一信息门户、招生信息

（13）教学系部等栏目。

在图层面板中创建新的图层组，命名为"fourrow"。新建图层，用矩形工具绘制一个宽 380px、高 120px 的矩形区域，填充白色。新建图层，绘制一个宽 3px、高 120px 的矩形区域，填充颜色为 RGB(28, 75, 169)。输入文本"教学系部"，设置字体为"微软雅黑"，字号为 26px，字体颜色为 RGB(28, 75, 169)。输入文本"电子与通信系 软件与大数据系 数字媒体系 智能制造系 现代服务系 经济与管理系 基础教学部 士官学院"，设置字体为"微软雅黑"，字号为 14px，字体颜色为 RGB(102, 102, 102)。用复制、修改的方式完成专题站点和热点导航栏目。完成后如图 11-20 所示。

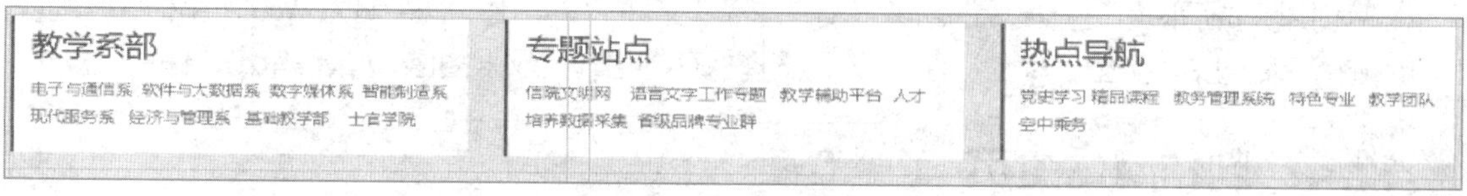

图 11-20　教学系部等栏目

（14）视频宣传。

在图层面板中创建新的图层组，命名为"fiverow"。打开 honor.png 文件，将其复制到本文件中。新建图层，用矩形工具绘制一个宽 1080px、高 120px 的矩形区域，填充白色。打开文件 bot1.gif、bot2.jpg、bot3.jpg、bot4.jpg，将 4 个图片复制到视频宣传图片的右侧，并均匀分布。完成后如图 11-21 所示。

图 11-21　视频宣传

（15）友情链接。

在图层面板中创建新的图层组，命名为"link"。新建图层，用矩形工具绘制一个宽 300px、高 30px 的矩形区域，填充白色。新建图层，用多边形套索工具 绘制一个小倒三角形选区，填充颜色为 RGB(110, 110, 110)。输入文本"=======合作企业======="，设置字体为"微软雅黑"，字号为 14px，字体颜色为 RGB (110, 110, 110)。用复制、修改的方式完成教育站点和友情链接矩形区域。完成后如图 11-22 所示。

图 11-22　友情链接

（16）页脚。

在图层面板中创建新的图层组，命名为"footer"。新建图层，用矩形工具绘制一个宽 1200px、高 150px 的矩形区域，填充颜色为 RGB(26, 74, 168)。打开 footer1.png、footer2.jpg，将两个图片分别复制到矩形区域的左侧和右侧，设置字体为"微软雅黑"，字号为 14px，字体颜色为白色。

（17）保存文件，最终效果如图 11-1 所示。

11.3.3　效果图切片导出网页

选择切片工具 ✐ ，根据需要进行切片，切片过程有以下几个技巧。

- 首先将预期的切片设计好，然后进行切片。
- 为了切片准确，减少误差，尽量放大图片再进行切片。
- 重命名在网页中使用的切片图片，方便在制作网站时使用。

能平铺形成的图片，只需切一个小的部分。另外，使用某种颜色作为背景的图片不需要切片，在制作网页时设置背景颜色即可。

切片创建完成后即可进行最后的网页导出，选择"文件"|"导出"|"存储为 Web 所用格式"选项，为切片选择存储的文件类型，单击"存储"，再选择保存的格式"仅限图像"，最后单击"保存"按钮。

11.4　制作网站主页

微课 11-3：制作
主页上部

设计软件：HBuilderX。

主页制作的步骤：

- 创建项目；
- 将图片素材放入项目的 images 文件夹中；
- 创建主页，搭建主页结构，添加页面各元素；
- 创建外部样式表，设置各元素的样式。

以效果图中切出的图片素材为基础，使用 HBuilderX 创建项目，设计主页。

具体步骤如下。

（1）在 HBuilderX 中新建项目，项目名称为 chapter11，位于"E:/Web 前端开发/源码"目录下，选择模板"基本 HTML 项目"，单击"创建"按钮。

（2）右击项目 chapter11 中的目录名"img"，选择"重命名"选项，将目录名改为"images"，将网站的素材图像复制到该目录中。

（3）右击项目 chapter11 中的目录名"css"，选择"新建"|"css 文件"选项，在"新建 css 文件"对话框中输入样式表文件名称 index.css，单击"创建"按钮。

然后在 css 文件 index.css 中书写通用样式，代码如下。

```
*{
    margin:0;
    padding:0;
    border:0;
}
    ul,li{
    list-style:none;
}
body{
    font-family:"微软雅黑";
    font-size:14px;
    color:#000;
    background:url(../images/bodybg.jpg);
}
a{
    font-family:"微软雅黑";
```

```
        font-size:14px;
        color:#000;
        text-decoration:none;
}
```

（4）打开文件 index.html，在</head>标记前输入如下代码。

```
<link rel="stylesheet" type="text/css" href="css/index.css">
```

将 index.css 文件链接到 index.html 页面中。

（5）制作 index.html 页面的头部。

在 index.html 的代码窗口中的 body 元素中输入如下代码。

```
<!--header 头部开始-->
<header>
    <img src="images/header.png" alt="">          <!-- 头部中放入图片 -->
</header>
<!--header 头部结束-->
```

切换到 index.css 文件，继续添加头部样式代码。

```
/*头部*/
header {
    width: 1200px;
    height: 100px;
    margin: 0 auto;
}
```

规定 header 头部的宽、高并使其在浏览器中居中显示。

（6）制作 index.html 页面的导航条部分。

导航条内容用无序列表实现，使用 CSS 样式设置导航条、列表及超链接的各种样式。

继续在 index.html 的代码窗口中输入如下代码。

```
<!--nav 导航条开始-->
<nav>
    <ul class="navCon">
        <li><a href="index.html">网站首页</a></li>
        <li><a href="#" target="_blank">学院概况</a>
            <ul>
                <li><a href="#" target="_blank">学院简介</a></li>
                <li><a href="#" target="_blank">学院荣誉</a></li>
                <li><a href="#" target="_blank">国家级示范性软件学院</a></li>
                <li><a href="#" target="_blank">高技能人才培训基地</a> </li>
                <li><a href="#" target="_blank">办公电话</a></li>
                <li><a href="#" target="_blank">联系方式</a></li>
                <li><a href="#" target="_blank">视频宣传</a></li>
            </ul>
        </li>
        <li><a href="newsList.html" target="_blank">新闻中心</a>
            <ul>
                <li><a href="#" target="_blank">学校要闻</a></li>
                <li><a href="#" target="_blank">系部动态</a></li>
                <li><a href="#" target="_blank">通知公告</a></li>
            </ul>
```

```
                </li>
                <li><a href="#" target="_blank">机构设置</a></li>
                <li><a href="#" target="_blank">教学科研</a>
                    <ul>
                        <li><a href="#" target="_blank">教务管理系统</a>
                        </li>
                        <li><a href="#" target="_blank">精品课程</a>
                        </li>
                        <li><a href="#" target="_blank">教学辅助平台</a>
                        </li>
                        <li><a href="#" target="_blank">网络教学平台</a>
                        </li>
                    </ul>
                </li>
                <li><a href="#" target="_blank">团学在线</a></li>
                <li><a href="#" target="_blank">招生就业</a>
                    <ul>
                        <li><a href="#" target="_blank">招生信息网</a>
                        </li>
                        <li><a href="#" target="_blank">就业信息网</a>
                        </li>
                        <li><a href="#" target="_blank">空中乘务</a>
                        </li>
                    </ul>
                </li>
                <li><a href="#" target="_blank">公共服务</a>
                    <ul>
                        <li><a href="#" target="_blank">图书馆</a>
                        </li>
                        <li><a href="#" target="_blank">信息公开</a>
                        </li>
                        <li><a href="#" target="_blank">建行缴费</a>
                        </li>
                    </ul>
                </li>
                <li><a href="#" target="_blank">信息公开</a> </li>
                <li><a href="#" target="_blank">统一信息门户</a></li>
            </ul>
</nav>
<!--nav 导航结束-->
```

切换到 index.css 文件，继续添加导航条部分样式代码。

```css
/*导航条*/
nav {
    width: 100%;
    height: 42px;
    background: rgb(28, 75, 169);
}
nav .navCon {
    width: 1200px;
```

```
    height: 42px;
    margin: 0 auto;
    position: relative;   /* 相对定位 */
    z-index: 111;          /* 菜单显示在最上面,不被其他内容遮盖 */
}
.navCon li {
    width: 120px;
    height: 42px;
    float: left;
    text-align: center;
}
.navCon li a {
    display: block;
    width: 120px;
    height: 42px;
    line-height: 42px;
    color: #FFF;
}
.navCon li ul {
    width: 150px;
    display: none;
}
.navCon li:hover ul {
    display: block;
}
.navCon li ul li {
    background: rgb(28, 75, 169);
    width: 150px;
    height: 40px;
    line-height: 40px;
    border-top: 1px rgb(0, 52, 162) solid;
    text-align: center;
}
.navCon li ul li a {
    display: block;
    width: 150px;
    height: 40px;
    text-align: center;
    color: rgb(255, 255, 255);
    line-height: 40px;
}
```

此时，网页在浏览器中的浏览效果如图 11-23 所示。

图 11-23　网页头部及导航条浏览效果

（7）制作导航条和主体内容之间的滚动文字部分。

继续在 index.html 的代码窗口中输入如下代码。

```
<!--blank 滚动文字开始-->
    <div class="blank">
```

```html
            <div class="left">
                学院名片&gt;&gt;
            </div>
            <div class="right">
                <div id="wrapper">
                    <ul>
                        <li><a target="_blank" href="#" title="教育部、中央军委政治
工作部、中央军委国防动员部定向培养士官试点院校">&#8226;教育部、中央军委政治工作部、中央军委国防动员
部定向培养士官试点院校</a></li>
                        <li><a target="_blank" href="#" title="电子信息产业国家高技
能人才培训基地">&#8226;电子信息产业国家高技能人才培训基地</a></li>
                        <li><a target="_blank" href="#" title="国家示范性高职单独招
生试点院校">&#8226;国家示范性高职单独招生试点院校</a></li>
                        <li><a target="_blank" href="#" title="“3+2”对口贯通分段
培养本科院校">&#8226;“3+2”对口贯通分段培养本科院校</a></li>
                        <li><a target="_blank" href="#" title="国家级示范性软件职业
技术学院">&#8226;国家级示范性软件职业技术学院</a></li>
                        <li><a target="_blank" href="#" title="全国信息产业系统先进
集体">&#8226;全国信息产业系统先进集体</a></li>
                    </ul>
                </div>
            </div>
        </div>
        <!--blank 滚动文字结束-->
```

切换到 index.css 文件，继续添加滚动文字部分的样式代码。

```css
/*滚动文字*/
.blank {
    width: 1200px;
    line-height: 30px;
    overflow: hidden;
    margin: 0 auto;
}
.blank .left {
    width: 100px;
    color: rgb(205, 2, 2);
    font-weight: bold;
    float: left;
}

.blank .right {
    width: 1100px;
    height: 30px;
    float: left;
}

.blank .right #wrapper {
    width: 1100px;
    height: 30px;
    overflow: hidden;
    position: relative;
}
```

```
.blank .right #wrapper ul {
    width: 1100px;
    height: 30px;
    overflow: hidden;
    position: absolute;
    left: 0;
    top: 0;
}
.blank .right #wrapper ul li {
    height: 30px;
    line-height: 30px;
    float: left;
    margin-right: 15px;
}
.blank .right #wrapper ul li a {
    color: rgb(205, 2, 2);
}
```

此时，网页的浏览效果如图 11-24 所示。

图 11-24 添加滚动文字部分后的效果

（8）制作固定显示的二维码。

继续在 index.html 的代码窗口中输入如下代码。

```
<img style="position:fixed;right:0;top:200px; z-index:999;width:100px;" src=
"images/ewm.png" /> <!--二维码固定显示-->
```

（9）制作网页主体部分。

继续在 index.html 的代码窗口中输入如下代码。

```
<--main 主体部分开始-->
<div class="main">
</div>
<!--main 主体部分结束-->
```

切换到 index.css 文件，继续添加主体部分的样式代码。

```
.main {width: 1200px; margin: 0 auto; overflow: hidden;}
```

微课 11-4：制作
主体部分第一、
二行

（10）制作主体部分的第一行。

继续在 index.html 的代码窗口中的<div class="main">代码后输入如下代码。

```
<!--onerow 开始-->
<div id="onerow">
<!--图片信息（轮播图）-->
<div class="lbt1">
    <a href="#" target="_blank" title="中秋佳节至，月饼暖人心"><img alt="中秋佳节至，
月饼暖人心召开全体干部会议" src="images/2.jpg" /></a>
</div>
<!--学校要闻开始-->
<div class="onerowR">
```

```
            <div class="imnews1">
                <h2>学校要闻<span class="eng">¦¦  College News</span><span><a class=
"more" href="#" target="_blank">更多&gt;&gt;</a></span></h2>
                <div class="newsimg">
                    <img src="images/10.jpg" width="240" height="130" alt="">
                    <p class="txt"><a href="#" title="中国工业互联网研究院来我校交流访问"
target="_blank">中国工业互联网研究院来我校交流访问</a></p>
                </div>
                <div class="content">
                    <ul>
                        <li><span>2021-04-09</span><a href="#" title="学校联合发起成立山
东软件行业产教联盟" target="_blank">学校联合发起成立山东软件行业产教联盟</a></li>
                        <li><span>2021-04-08</span><a href="#" title="学校"四个推进"掀
起党史学习教育热潮" target="_blank">学校"四个推进"掀起党史学习教育热潮</a></li>
                        <li><span>2021-04-02</span><a href="#" title="学校召开2021年度
体育工作会议" target="_blank">学校召开2021年度体育工作会议</a></li>
                        <li><span>2021-04-01</span><a href="#" title="我校举行"铭记历史
缅怀先烈"清明节祭扫先烈活动" target="_blank">我校举行"铭记历史　缅怀先烈"清明节祭扫先烈活动
</a></li>
                        <li><span>2021-03-30</span><a href="#" title="中国工业互联网研究
院来我校交流访问" target="_blank">中国工业互联网研究院来我校交流访问</a></li>
                        <li><span>2021-03-30</span><a href="#" title="学校召开党务干部业
务培训会议" target="_blank">学校召开党务干部业务培训会议</a></li>
                    </ul>
                </div>
            </div>
            <div class="lbt2">
                <a href="#" target="_blank"><img src="images/6.jpg"  alt=""></a>
            </div>
        </div>
        <!--学校要闻结束-->
    </div>
    <!--onerow结束-->
```

切换到index.css文件，继续添加主体部分第一行的样式代码。

```
/*第一行*/
#onerow {
    width: 1200px;
    height: 352px;
    margin-bottom: 15px;
}
.lbt1 {
    background: #fff;
    border: 1px solid #ccc;
    float: left;
    width: 440px;
    height: 330px;
    padding: 10px;
    margin-right: 18px;
}
.onerowR {
```

```
    width: 720px;
    float: left;
    height: 352px;
}
/*学校要闻*/
.imnews1 {
    background: #fff;
    border: 1px solid #ccc;
    float: left;
    width: 698px;
    padding: 5px 10px 5px 10px;
    margin-bottom: 2px;
    height: 236px;
}
.imnews1  h2,.imnews2  h2 {
    background: url(../images/head1.png) no-repeat left center;
    width: 688px;
    height: 37px;
    line-height: 37px;
    color: #FFF;
    padding-left: 10px;
    font-size: 14px;
    border-bottom: 1px solid rgb(204, 204, 204);
    position: relative;
}
.imnews1  h2  .eng,.imnews2  h2  .eng {
    color: rgb(115, 115, 115);
    font-size: 14px;
    padding-left: 50px;
    font-weight: normal;
}
.imnews1  h2  .more,.imnews2  h2  .more {
    color: rgb(115, 115, 115);
    font-size: 12px;
    font-weight: normal;
    position: absolute;
    top: 0;
    right: 0px;
}
.imnews1  h2  .more:hover,.imnews2  h2  .more:hover {
    color: red;
}
.imnews1  .newsimg {
    width: 240px;
    height: 173px;
    float: left;                    /* 左浮动 */
    padding-top: 25px;
}
.txt {
    width: 240px;
    height: 20px;
    line-height: 20px;
    padding-top: 5px;
    font-size: 12px;
```

```
        text-align: center;
    }
    .txt a {
        color: #900;
    }
    .imnews1 .content {
        width: 438px;
        height: 188px;
        padding-left: 20px;
        padding-top: 10px;
        float: left;                           /* 左浮动 */
    }
    .imnews1 .content ul {
        width: 438px;
        height: 188px;
    }
    .imnews1 .content ul li {
        width: 423px;
        height: 30px;
        line-height: 30px;
        background: url("../images/icon.png") no-repeat left center;
        padding-left: 15px;
    }
    .content ul li a {
        float: left;
        color: rgb(60, 60, 60);
        display: block;
        width: 320px;
        white-space: nowrap;
        overflow: hidden;
        text-overflow: ellipsis;
    }
    .content ul li a:hover {
        color: rgb(28, 75, 169);
    }
    .content ul li span {
        color: rgb(160, 160, 160);
        font-size: 11px;
        float: right;
    }
    .lbt2 {
        float: left;
        width: 720px;
        height: 100px;
    }
```

此时，主体部分第一行的浏览效果如图 11-25 所示。

图 11-25　主体部分第一行的浏览效果

（11）制作主体部分的第二行。

继续在 index.html 的代码窗口中的主体部分第一行代码后输入如下代码。

```
<!--tworow 开始-->
<div id="tworow">
<div class="notice">
    <div class="nTitle">
        <h2>通知公告</h2>
        <a class="more" href="#" target="_blank">更多&gt;&gt;</a>
    </div>
    <div class="nContent">
        <ul
            <li><span>2021-04-09</span><a href="#" title="未来信息学院滨海校区锅炉
工招聘启事" target="_blank">未来信息学院滨海校区锅炉工招聘启事</a></li>
            <li><span>2021-04-06</span><a href="#" title="关于学院处置废旧金属物品
项目结果公示 " target="_blank">关于学院处置废旧金属物品项目结果公示 </a></li>
            <li><span>2021-04-05</span><a href="#" title=" 未来信息学院训练服装询
价公告 " target="_blank"> 未来信息学院训练服装询价公告 </a></li>
            <li><span>2021-03-26</span><a href="#" title="关于学院教职工乒乓球赛奖
品项目询价结果公示 " target="_blank">关于学院教职工乒乓球赛奖品项目询价结果公示 </a></li>
            <li><span>2021-03-22</span><a href="#" title="关于学院采购计算机、打印
机项目询价结果公示 " target="_blank">关于学院采购计算机、打印机项目询价结果公示 </a></li>
            <li><span>2021-03-16</span><a href="#" title="关于学院南区篮球场地安装
球场照明工程项目询价结果公示 " target="_blank">关于学院南区篮球场地安装球场照明工程项目
询...</a></li>
            <li><span>2021-03-11</span><a href="#" title="未来信息学院关于购买维修
材料询价公告" target="_blank">未来信息学院关于购买维修材料询价公告</a></li>
        </ul>
    </div>
</div>
<div class="imnews2">
    <h2>系部动态<span class="eng">¦¦  College News</span><span><a class="more"
href="#" target="_blank">更多&gt;&gt;</a></span></h2>
    <div class="newsimg">
        <img src="images/11.jpg" width="240" height="130;" alt="">
        <p class="txt"><a href="#" title="捐献爱心  情暖公益——士官学院组织无偿献血活
动" target="_blank">捐献爱心 情暖公益</a></p>
    </div>
    <div class="content">
        <ul>
            <li><span>2021-04-11</span><a href="#" title="软件与大数据系开展"知党
史 感党恩 跟党走"题党课" target="_blank">软件与大数据系开展 "知党史 感党恩
                        跟党走"主题党课</a></li>
            <li><span>2021-04-09</span><a href="#" title="数字媒体系组织开展"力争
上游"拔河比赛" target="_blank">数字媒体系组织开展"力争上游"拔河比赛</a></li>
            <li><span>2021-04-08</span><a href="#" title="滨海校区开展新冠病毒疫苗
接种工作" target="_blank">滨海校区开展疫苗接种工作</a></li>
```

```
                <li><span>2021-04-08</span><a href="#" title="士官学院组织开展"优才精
技培养计划"动员会" target="_blank">士官学院组织开展"优才精技培养计划"动员会</a></li>
                <li><span>2021-04-08</span><a href="#" title="启迪智慧 书写精彩——智
能制造系开展板书设计比赛" target="_blank">启迪智慧 书写精彩——智能制造系开展板书设计比赛
</a></li>
                <li><span>2021-04-07</span><a href="#" title="电子与通信系开展"抓习惯
重养成 促发展"良好习惯养成主题教育动员会" target="_blank">电子与通信系开展"抓习惯 重养成 促发展"
良好习惯养成主题教育动员会</a></li>
                <li><span>2021-04-02</span><a href="#" title="智能制造系举行大学生辩论
赛" target="_blank">智能制造系举行大学生辩论赛</a></li>
            </ul>
        </div>
    </div>
    </div>
    <!--tworow 结束-->
```

切换到 index.css 文件，继续添加主体部分第二行的样式代码。

```
/*第二行*/
#tworow {
    width: 1200px;
    height: 280px;
    margin-bottom: 15px;
}
.notice {                      /*通知公告*/
    background: #FFF;
    padding: 5px 10px 10px;
    border: 1px solid rgb(204, 204, 204);
    width: 440px;
    height: 263px;
    float: left;
    margin-right: 18px;
}
.nTitle {
    width: 440px;
    height: 38px;
    line-height: 38px;
}
.nTitle  h2 {
    background: rgb(26, 74, 167);
    width: 100px;
    height: 38px;
    line-height: 38px;
    text-align: center;
    font-size: 14px;
    color: #FFF;
    margin-left: 20px;
    float: left;
}
.nTitle  .more {
    color: rgb(115, 115, 115);
    line-height: 34px;
    padding-top: 4px;
```

```
       padding-right: 10px;
       font-size: 12px;
       float: right;
}
.nTitle  .more:hover {
       color: red;
}
.nContent {
       width: 440px;
       height: 213px;
       padding-top: 10px;
       border-top: 2px solid rgb(26, 74, 167);
}
.nContent  ul {
       width: 430px;
       height: 213px;
       padding-left: 10px;
}
.nContent  ul  li {
       width: 415px;
       height: 30px;
       line-height: 30px;
       background: url("../images/icon.png") no-repeat left center;
       padding-left: 15px;
}
.nContent  ul  li  a {
       color: rgb(60, 60, 60);
}
.nContent  ul  li  a:hover {
       color: rgb(28, 75, 169);
}
.nContent  ul  li  span {
       color: rgb(160, 160, 160);
       font-size: 11px;
       float: right;
}
.imnews2 {                        /*系部动态*/
       background: #FFF;
       border: 1px solid #ccc;
       float: left;
       width: 698px;
       padding: 5px 10px;
       height: 268px;
}
.imnews2  .newsimg {
       width: 240px;
       height: 188px;
       float: left;
       padding-top: 40px;
}
.imnews2  .content {
       width: 438px;
       height: 218px;
```

```
    padding-left: 20px;
    padding-top: 10px;
    float: left;
}
.imnews2 .content ul {
    width: 438px;
    height: 218px;
}
.imnews2 .content ul li {
    width: 423px;
    height: 30px;
    line-height: 30px;
    background: url("../images/icon.png") no-repeat left center;
    padding-left: 15px;
}
```

此时，主体部分第二行的浏览效果如图 11-26 所示。

图 11-26　主体部分第二行的浏览效果

微课 11-5：制作
主体部分第三行

（12）制作主体部分的第三行。

继续在 index.html 的代码窗口中的主体部分第二行代码后输入如下代码。

```
<!--threerow 开始-->
<div id="threerow">
<div class="threerowL">
    <a href="#" target="_blank" class="enter">
        <img src="images/13.png" alt="">
    </a>
    <a href="mailto:sdxysjxx@163.com" class="mail1">
        <img src="images/mail.png" alt="">
    </a>
    <a href="mailto:sdxyyzxx@163.com" class="mail2">
        <img src="images/mail2.png" alt="">
    </a>
</div>
<div class="threerowR">
    <a href="#" target="_blank"><img src="images/12.png" alt=""></a>
</div>
</div>
<!--threerow 结束-->
```

切换到 index.css 文件，继续添加主体部分第三行的样式代码。

```
/*第三行*/
```

```
#threerow {
    width: 1200px;
    height: 80px;
    margin-bottom: 15px;
}
.threerowL {
    width: 462px;
    height: 80px;
    float: left;
    margin-right: 18px;
}

.enter {
    width: 260px;
    height: 70px;
    float: left;
}
.mail1 {
    width: 180px;
    height: 35px;
    float: left;
    margin-left: 22px;
}
.mail2 {
    width: 180px;
    height: 35px;
    float: left;
    margin-top: 10px;
    margin-left: 22px;
}
.enter:hover {
    opacity: 0.7;
}
.mail1:hover {
    opacity: 0.7;
}
.mail2:hover {
    opacity: 0.7;
}
.threerowR {
    width: 720px;
    height: 80px;
    float: left;
}
.threerowR:hover {
    opacity: 0.7;
}
```

此时，主体部分第三行的浏览效果如图 11-27 所示。

图 11-27　主体部分第三行的浏览效果

（13）制作主体部分的第四行。

继续在 index.html 的代码窗口中的主体部分第三行代码后输入如下代码。

```html
<!--fourrow 开始-->
<div id="fourrow">
 <div class="fourrowL">
        <h2>教学系部</h2>
        <div class="cont">
            <a href="#" target="_blank">电子与通信系</a>
    <a href="#" target="_blank">软件与大数据系</a>
    <a href="#" target="_blank">数字媒体系</a>
    <a href="#" target="_blank">智能制造系</a>
    <a href="#" target="_blank">现代服务系</a>
    <a href="#" target="_blank">经济与管理系</a>
    <a href="#" target="_blank">基础教学部</a>
    <a href="#" target="_blank">士官学院</a>
 </div>
</div>
<div class="fourrowM">
    <h2>专题站点</h2>
    <div class="cont">
        <a href="#" target="_blank">信院文明网</a>
        <a href="#" target="_blank">语言文字工作专题</a>
        <a href="#" target="_blank">教学辅助平台</a>
        <a href="#" target="_blank">人才培养数据采集</a>
        <a href="#" target="_blank">省级品牌专业群</a>
    </div>
</div>
<div class="fourrowM">
    <h2>热点导航</h2>
    <div class="cont">
        <a href="#" target="_blank">党史学习</a>
        <a href="#" target="_blank">精品课程</a>
        <a href="#" target="_blank">教务管理系统</a>
        <a href="#" target="_blank">特色专业</a>
        <a href="#" target="_blank">教学团队</a>
        <a href="#" target="_blank">空中乘务</a>
    </div>
</div>
</div>
<!--fourrow 结束-->
```

切换到 index.css 文件，继续添加主体部分第四行的样式代码。

```css
/*第四行*/
#fourrow {
    width: 1200px;
    height: 120px;
    margin-bottom: 15px;
```

```
    }
    .fourrowL,.fourrowM {
        width: 374px;
        height: 120px;
        border: 1px solid #ccc;
        border-left: 3px solid rgb(28, 75, 169);
        float: left;
        padding-left: 10px;
        background: #FFF;
    }
    .fourrowM {
        margin-left: 18px;
    }
    #fourrow h2 {
        width: 374px;
        height: 40px;
        line-height: 40px;
        color: rgb(28, 75, 169);
        font-size: 24px;
        font-weight: normal;
    }
    .cont a {
        line-height: 26px;
        color: #666;
    }
    .cont a:hover {
        color: rgb(28, 75, 169);
    }
```

此时，主体部分第四行的浏览效果如图 11-28 所示。

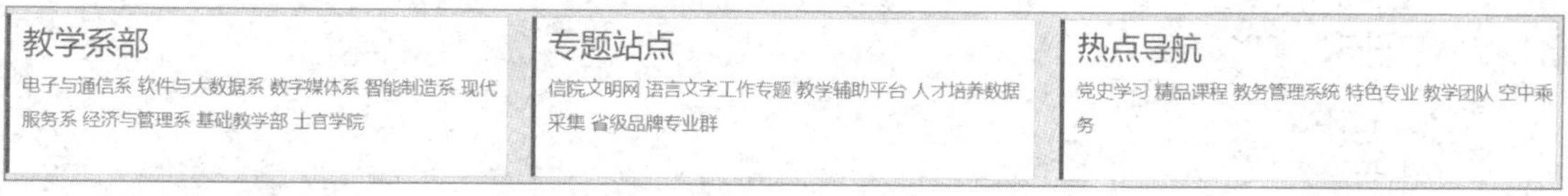

教学系部	专题站点	热点导航
电子与通信系 软件与大数据系 数字媒体系 智能制造系 现代服务系 经济与管理系 基础教学部 士官学院	信院文明网 语言文字工作专题 教学辅助平台 人才培养数据采集 省级品牌专业群	党史学习 精品课程 教务管理系统 特色专业 教学团队 空中乘务

图 11-28 主体部分第四行的浏览效果

（14）制作主体部分的第五行。

继续在 index.html 的代码窗口中的主体部分第四行代码后输入如下代码。

```
<!--fiverow 开始-->
<div id="fiverow">
<div class="honor">
    <a class="more" href="#" target="_blank"><img src="images/honor.png"
alt=""></a>
</div>
<div class="honorsp">
    <a class="sptp" href="video.html" title="学院宣传片" target="_blank"><img
src="images/bot1.gif" alt=""></a>
    <a class="sptp" href="#" title="携笔从戎立壮志，精技强能铸军魂——未来信息学院定向培
养士官纪实" target="_blank"><img src="images/bot2.jpg" alt=""></a>
    <a class="sptp" href="#" title="防范和处置非法集资法律政策宣传片——打击非法集资，防
范金融风险" target="_blank"><img src="images/bot3.jpg" alt=""></a>
    <a class="sptp" href="#" title="防范和处置非法集资法律政策宣传片——警惕高利诱惑，远
```

```
离非法集资" target="_blank"><img src="images/bot4.jpg" alt=""></a>
    </div>
    </div>
    <!--fiverow 结束-->
```

切换到 index.css 文件，继续添加主体部分第五行的样式代码。

```css
/*第五行*/
#fiverow {
    width: 1200px;
    height: 120px;
    margin-bottom: 15px;
    background: #FFF;
    border: 1px solid rgb(204, 204, 204);
}
.honor {
    width: 120px;
    height: 120px;
    float: left;
}
.honorsp {
    width: 1060px;
    height: 100px;
    padding: 10px;
    float: left;
}
.sptp {
    width: 254px;
    height: 100px;
    float: left;
    transform: scale(0.9);
    transition: all 0.6s;
}
.sptp:hover {
    opacity: 0.7;
    transform: scale(1);
}
```

此时，主体部分第五行的浏览效果如图 11-29 所示。至此，主体部分制作完毕。

图 11-29　主体部分第五行的浏览效果

（15）制作友情链接部分。

微课 11-7：制作友情链接和版权信息

继续在 index.html 文件的代码窗口中的主体部分的结束符后面添加如下代码。

```html
<!--link 友情链接开始-->
<div class="link">
<select name="合作企业" onchange="friendlink(this.value)">
    <option selected="selected" value="">
        = = = = = = =合作企业= = = = = = =
    </option>
```

```
    <option value="http://www.haier*.net/">海尔集团</option>
    <option value="#">中创软件工程股份有限公司</option>
    <option value="#">卡尔电气股份有限公司</option>
    <option value="#">普惠打印机有限公司</option>
</select>
<select onchange="friendlink(this.value)">
    <option selected="selected" value="">
        = = = = = = = =教育站点= = = = = = =
    </option>
    <option value="#">教育部</option>
    <option value="#">省教育厅</option>
    <option value="#">省教育招生考试院</option>
</select>
<select name="友情链接" onchange="friendlink(this.value)">
    <option selected="selected" value="">
        = = = = = = = =友情链接= = = = = = =
    </option>
    <option value="#">工业和信息化部</option>
    <option value="#">经济和信息化委员会</option>
</select>
</div>
```

切换到 index.css 文件，继续添加友情链接部分的样式代码。

```
/*友情链接*/
.link {
width: 1200px;
height: 30px;
line-height: 30px;
margin: 0px auto;
margin-bottom: 20px;
}
.link  select {
width: 300px;
height: 30px;
line-height: 30px;
color: rgb(104, 104, 104);
margin-left: 70px;
}
```

此时，友情链接部分的浏览效果如图 11-30 所示。

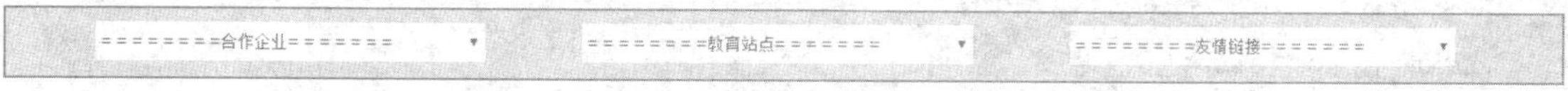

图 11-30　友情链接部分的浏览效果

（16）制作版权信息部分。

继续在 index.html 文件的代码窗口中添加如下代码。

```
<!--footer 开始-->
<footer>
<div class="footerCon">
    <div class="textlj">
```

```
              <img src="images/footer1.png" alt="">
        </div>
        <div class="textm">
              版权所有 © 未来信息学院 鲁 ICP 备 0908370049 号<br> 本站开通中文网址: 未来信息学院.
公益   关注学院微信公众号: 未来信息学院或 ficwx<br> 学院地址: 东风东街 74094 号
  滨海校区: 滨海经济开发区智慧南二街 5808 号<br>    学院办公室: 0500-2931600 24 小时值
班电话: 0500-2931799 招生就业指导处: 0500-2931828
        </div>
        <div class="image1">
              <img src="images/ewm.png" alt="">
        </div>
  </div>
  </footer>
  <!--下面是友情链接的脚本代码-->
  <script>
  function friendlink(url) {
      if (null != url && "" != url) {
              window.open(url);
      }
  }
  </script>
```

> **说明** 在上面的代码中，添加脚本代码的作用是用户单击友情链接的项目时，自动跳转到相
> 应的网址，脚本不是本书的主要内容，这里了解即可。

切换到 index.css 文件，继续添加版权信息部分的样式代码。

```
/*版权信息*/
footer {
    background: rgb(26, 74, 168);
    width: 100%;
    height: 150px;
}
footer .footerCon {
    margin: 0px auto;
    width: 1200px;
    padding-top: 35px;
}
.textlj {
    width: 100px;
    padding-left: 80px;
    float: left;
}
.textlj img {
    width: 100px;
    padding-bottom: 10px;
}
.textm {
    margin: 0px auto;
    width: 750px;
    text-align: center;
    color: #FFF;
    line-height: 28px;
```

```
    overflow: hidden;
    font-size: 12px;
    float: left;
}
.footerCon .image1 {
    height: 112px;
    margin-right: 140px;
    float: right;
}
```

此时，版权信息部分的浏览效果如图 11-31 所示。

图 11-31 版权信息部分的浏览效果

至此，主页制作完成，浏览效果如图 11-1 所示。

11.5 制作新闻列表页

制作新闻列表页 newsList.html，显示所有的新闻列表，浏览效果如图 11-32 所示。

将主页 index.html 复制一份，改名为 newsList.html，修改主体部分的代码如下。

图 11-32 新闻列表页浏览效果

微课 11-8：制作
新闻列表页

```
<!--main-->
<div class="main">
  <!--listL 左侧内容开始-->
  <div id="listL">
```

```html
    <div class="Lnews">
        <h2>新闻中心</h2>
        <ul class="Lnewscont">
            <li><a href="#">学校要闻</a></li>
            <li><a href="#">系部动态</a></li>
            <li><a href="#">通知公告</a></li>
        </ul>
    </div>
        <div class="Lnotice">
    <h2>通知公告<span><a href="#" target="_blank">更多&gt;&gt;</a></span></h2>
    <ul class="Lcon">
            <li><a href="#" title="关于滨海校区供水改造工程项目询价结果公示" target=
"_blank">关于滨海校区供水改造工程项目询价结果公示</a><span>2021-04-09</span></li>
            <li><a href="#" title="关于制作安装公寓标志牌及文化宣传板的询价公告" target=
"_blank">关于制作安装公寓标志牌及文化宣传板的询价公告</a><span>2021-04-08</span></li>
            <li><a href="#" title="未来信息学院关于采购部分外墙涂料等材料的询价公告" target=
"_blank">未来信息学院关于采购部分外墙涂料等材料的询价公告</a><span>2021-04-07</span></li>
            <li><a href="#" title="未来信息学院关于购买公共浴室淋浴花洒询价公告" target=
"_blank">未来信息学院关于购买公共浴室淋浴花洒询价公告</a><span>2021-04-07</span></li>
            <li><a href="#" title="未来信息学院 2021 年图书和 2022 年期刊采购项目竞争性磋商公告"
target="_blank">未来信息学院 2021 年图书和 2022 年期刊采购项目竞争性磋商公告</a><span>2021-04-06
</span></li>
            <li><a href="#" title="未来信息学院关于购买木工维修材料询价公告" target=
"_blank">未来信息学院关于购买木工维修材料询价公告</a><span>2021-04-06</span></li>
            <li><a href="#" title="未来信息学院关于购买电工维修材料询价公告" target=
"_blank">未来信息学院关于购买电工维修材料询价公告</a><span>2021-03-31</span></li>
            <li><a href="#" title="未来信息学院标兵宿舍、文明宿舍奖品询价公告" target=
"_blank">未来信息学院标兵宿舍、文明宿舍奖品询价公告</a><span>2021-03-30</span></li>
            <li><a href="#" title="未来信息学院滨海校区生活垃圾清运招标公告" target=
"_blank">未来信息学院滨海校区生活垃圾清运招标公告</a><span>2021-03-29</span></li>
            <li><a href="#" title="未来信息学院 VR 中心无人机采购项目公开招标公告" target=
"_blank">未来信息学院 VR 中心无人机采购项目公开招标公告</a><span>2021-03-25</span></li>
        </ul>
    </div>
        </div>
        <!--左侧内容结束-->
        <!--右侧内容开始-->
        <div id="listR">
            <div class="Rtop">
                <h2>新闻中心</h2>
                <span>当前位置: <a href="index.html">首页</a> &gt;<a target="_blank"
href="#">新闻中心</a> &gt; 列表</span>
            </div>
            <div class="Rcon">
                <ul>
                    <li><span class="date">2021-04-09</span>
                        <a href="newsDetail.html" title="学校联合发起成立软件行业产教联盟"
```

```html
target="_blank">学校联合发起成立软件行业产教联盟</a>
                </li>
                <li><span class="date">2021-04-07</span>
                    <a href="#" title="软件与大数据系举办摄影知识与技巧培训会"
target="_blank">软件与大数据系举办摄影知识与技巧培训会</a>
                </li>
                <li><span class="date">2021-03-30</span>
                    <a href="#" title="滨海校区举办"崇尚科学，共建和谐"宣传系列活动" target=
"_blank">滨海校区举办"崇尚科学，共建和谐"宣传系列活动</a>
                </li>
                <li><span class="date">2021-03-22</span>
                    <a href="#" title="滨海校区举办第二届"爱我校园、青春飞扬"健康文体周活动"
target="_blank">滨海校区举办第二届"爱我校园、青春飞扬"健康文体周活动</a>
                </li>
                <li><span class="date">2021-03-19</span>
                    <a href="#" title="学校开展"学党史 知党恩 跟党走"党史知识竞赛" target=
"_blank">学校开展"学党史 知党恩 跟党走"党史知识竞赛</a>
                </li>
                <li><span class="date">2021-03-18</span>
                    <a href="#" title="软件与大数据系组织召开学生安全员培训会议" target=
"_blank">软件与大数据系组织召开学生安全员培训会议</a>
                </li>
                <li><span class="date">2021-03-15</span>
                    <a href="#" title="滨海校区举办"崇尚科学，共建和谐"宣传系列活动" target=
"_blank">滨海校区举办"崇尚科学，共建和谐"宣传系列活动</a>
                </li>
                <li><span class="date">2021-03-12</span>
                    <a href="#" title="滨海校区举办第二届"爱我校园、青春飞扬"健康文体周活动"
target="_blank">滨海校区举办第二届"爱我校园、青春飞扬"健康文体周活动</a>
                </li>
                <li><span class="date">2021-03-12</span>
                    <a href="#" title="士官学院开展军事技能课目展示活动" target="_blank">
士官学院开展军事技能课目展示活动</a>
                </li>
                <li><span class="date">2021-03-10</span>
                    <a href="#" title="电子与通信系开展"高情远韵，律动青春"律动操活动" target=
"_blank">电子与通信系开展"高情远韵，律动青春"律动操活动</a>
                </li>
                <li><span class="date">2021-04-09</span>
                    <a href="newsDetail.html" title="未来信息学院院长：紧追技术革命，让职
教赋能产业" target="_blank">【学习强国】未来信息学院院长：紧追技术革命，让职教赋能产业</a>
                </li>
                <li><span class="date">2021-04-07</span>
                    <a href="#" title="软件与大数据系举办摄影知识与技巧培训会"
target="_blank">软件与大数据系举办摄影知识与技巧培训会</a>
                </li>
                <li><span class="date">2021-03-30</span>
                    <a href="#" title="滨海校区举办"崇尚科学，共建和谐"宣传系列活动" target=
"_blank">滨海校区举办"崇尚科学，共建和谐"宣传系列活动</a>
```

```
            </li>
              <li><span class="date">2021-03-22</span>
                <a href="#" title="滨海校区举办第二届"爱我校园、青春飞扬"健康文体周活动
" target="_blank">滨海校区举办第二届"爱我校园、青春飞扬"健康文体周活动</a>
              </li>
              <li><span class="date">2021-05-10</span>
                <a href="newsDetail.html" title="未来信息学院院长：紧追技术革命，让职教
赋能产业" target="_blank">未来信息学院院长：紧追技术革命，让职教赋能产业</a>
              </li>
              <li><span class="date">2021-04-07</span>
                <a href="#" title="软件与大数据系举办摄影知识与技巧培训会" target=
"_blank">软件与大数据系举办摄影知识与技巧培训会</a>
              </li>
              <li><span class="date">2021-03-30</span>
                <a href="#" title="滨海校区举办"崇尚科学，共建和谐"宣传系列活动" target=
"_blank">滨海校区举办"崇尚科学，共建和谐"宣传系列活动</a>
              </li>
          </ul>
        </div>
        <br>
        <div>共 30 条记录 1/2 页 <a  href="#">首页</a> <a  href="#">上一页
</a> <a href="#">下一页</a> <a href="#">尾页</a>
     第
          <select>
          <option value="1" selected="selected">1</option>
          <option value="2" >2</option>
          </select>页
        </div>
    </div>
  </div>
<!--main 结束-->
```

在 css 目录中再新建一个样式表文件，名称为 list.css，将 index.css 和 list.css 都链接到 newsList.html
页面中。list.css 的样式，代码如下。

```
/*左侧内容*/
#listL{
    width:282px;
    float: left;
    overflow:hidden;
    margin-right:15px;
}
/*新闻中心*/
.Lnews{
    width:280px;
    height:166px;
    background: #fff;
    border: 1px solid #ccc;
    margin-bottom:15px;
}
.Lnews  h2 {
    width:240px;
```

```
    height:38px;
    line-height:38px;
    background:url(../images/head2.png) no-repeat;
    color: #fff;
    font-size: 14px;
    padding-left:40px;
}
.Lnewscont{
    width:240px;
    height:110px;
    padding:10px 20px;
}
.Lnewscont li{
    width:225px;
    height:30px;
    line-height:30px;
    background:url(../images/arror1.png) no-repeat left center;
    border-bottom: 1px dashed #666;
    padding-left:15px;
}
.Lnewscont li a:hover {
    font-weight:bold;
}
/*通知公告*/
.Lnotice{
    background: #fff;
    float: left;
    width:260px;
    height:400px;
    border: 1px solid #ccc;
    padding:10px;
    margin-bottom:15px;
}
.Lnotice h2 {
    width:240px;
    height:36px;
    line-height:36px;
    background:url(../images/line.png) no-repeat left bottom ;
    color: #1a4aa7;
    font-size: 14px;
    padding-left:20px;
    position:relative;            /*相对定位*/
}
.Lnotice h2 span{
    position:absolute;      /*绝对定位*/
    right:0;
    top:0;
    font-weight:normal;
}
.Lnotice h2 span a{
    color:#9f9f9f;
}
.Lnotice h2 span a:hover{
    color:#F00;
```

```
    }
    .Lcon{
        width:260px;
        height:344px;
        padding: 15px 0px 5px 0px;
    }
    .Lcon  li{
        width:250px;
        height:34px;
        line-height:34px;
        background:url(../images/dot1.jpg) no-repeat  left center;
        padding-left:10px;
        border-bottom: 1px dashed #666;
    }
    .Lcon  li  span {
        color: #a0a0a0;
        float: right;
        font-size: 11px;
    }
    .Lcon  li  a:hover {                    /*鼠标指针悬停*/
        color:#0251b2;
    }
    #listR{                         /*右边*/
        width:858px;
        border:1px solid #ccc;
        background:#FFF;
        float:right;
        padding:10px 20px;
        overflow:hidden;            /*溢出内容隐藏*/
        margin-bottom:20px;
    }
    .Rtop{
        width:858px;
        height:30px;
        line-height:30px;
    }
    .Rtop  h2{
        width:75px;
        height: 30px;
        text-align: center;
        border-bottom:2px solid rgb(2,81,178);
        font-size:14px;
        color:#1a4aa7;
        float:left;
    }
    .Rtop  span{
        display:inline-block;         /*转化为行内块元素*/
        width:783px;
        height: 31px;
        border-bottom:1px solid #999;
        font-size:14px;
        float:left;
    }
    .Rtop  span  a{
```

```
    color:#000;
}
.Rcon{                        /*右边列表内容*/
    width:858px;
    min-height: 600px;
}
.Rcon ul li {
    width:843px;
    height:34px;
    line-height:34px;
    background:url(../images/icon.png) no-repeat left center;
    padding-left:15px;
    border-bottom:1px dashed #999;
    float:left;
}
.Rcon ul li .date{
    float:right;
}
.Rcon ul li a {
    color: #3c3c3c;
}
.Rcon ul li a:hover {
    color:#00F;
}
```

至此，新闻列表页制作完成，浏览该页面，效果如图 11-32 所示。

11.6 制作新闻详情页

制作新闻详情页面 newsDetail.html，显示一条新闻的详情，页面浏览效果如图 11-33 所示。

微课 11-9：制作
新闻详情页

图 11-33 新闻详情页浏览效果

将 newsList.html 页面复制一份，改名为 newsDetail.html。该页面内容与 newsList.html 相比，只是右侧内容不同，因此修改该页面右侧部分的代码如下。

```
<!--右侧内容开始-->
<div id="listR">
    <div class="Rtop">
        <h2>新闻中心</h2>
        <span>当前位置:<a href="index.html">首页</a> &gt; <a target="_blank" href="#">
新闻中心</a> &gt; <a target="_blank" href="#">学校要闻</a>&gt;正文</span>
    </div>
    <div class="Rcon">
        <h2>学校联合发起成立软件行业产教联盟</h2>
        <h3>撰稿人：软件与大数据系 时间：2021-04-09 20:33:17 浏览次数：181 次</h3>
        <div class="DetailCon">
        <p>4 月 9 日，软件行业产教联盟成立大会在济南举行。会议举行了成立仪式及省优秀软件企业和优
秀软件产品颁奖仪式，主题演讲活动于同日举办。</p>
        <p>软件行业产教联盟是在山东省工业和信息化厅指导下，由我校和软件学院、浪潮集团、省软件
协会联合发起成立，联盟有企业会员 196 家、高校会员 55 所。我校任联盟副理事长单位。</p>
        <p class="cent"><img src="images/lianmeng.jpg" alt="成立现场"></p>
        </div>
    </div>
    <div class="preNext">
        上一篇：<a href="#">软件与大数据系举办摄影知识与技巧培训会</a><br>
        下一篇：<a href="#">我院在省新一代信息技术创新应用大赛——工业信息安全技能大赛中荣获
三等奖</a>
    </div>
</div>
</div><!--右侧内容结束-->
```

该页面不需要再新建样式表文件，直接打开 css 目录中的 list.css 文件，继续在该文件中添加 newsDetail.html 页面的样式代码即可。新添加的样式代码如下。

```
/*右边详情内容*/
.Rcon h2{
    width:858px;
    height: 40px;
    line-height:40px;
    text-align: center;
    color: #ff7200;
    font-size: 20px;
}
.Rcon h3{
    color: #6f6f6f;
    font-size: 14px;
    height: 40px;
    line-height: 40px;
    text-align: center;
    font-weight:normal;
}
.DetailCon{
    border-top:1px dashed #ccc;
    border-bottom:1px dashed #ccc;
```

```
    padding-top:5px;
}
.DetailCon p{
    width:858px;
    color: #161616;
    font-size:16px;s
    line-height: 26px;
    padding-top:15px;
    text-indent:2em;
}
.DetailCon p.cent{
    text-align:center;
}
.preNext{
    line-height: 30px;
    margin-top: 20px;
}
.preNext a {
    color:#999;
    }
.preNext a:hover{
    color: #1a4aa7;
    }
```

至此，新闻详情页制作完成，浏览该页面，效果如图 11-33 所示。

学院网站的 3 个主要页面制作完成。在 3 个页面间创建超链接，使各个页面能相互正常跳转。为了说明在网页中如何添加视频播放效果，下面再创建一个视频宣传页。

11.7 制作视频宣传页

制作学院网站视频宣传页 video.html，播放学院的宣传片，页面浏览效果如图 11-34 所示。

微课 11-10：制作
视频宣传页

图 11-34 视频宣传页浏览效果

将 newsDetail.html 页面复制一份，改名为 video.html，修改该页面的代码如下。

```html
    <!--右侧内容开始-->
    <div id="listR">
        <div class="Rtop">
          <h2>新闻中心</h2>
            <span>当前位置: <a href="index.html">首页</a> &gt;<a target="_blank" href="#">新闻中心</a> &gt; <a target="_blank" href="#">学校要闻</a> &gt;正文</span>
          </div>
        <div class="Rcon">
          <h2>学院视频宣传片</h2>
          <h3>撰稿人: 学院办公室  时间:2018-09-02 15:49:10  浏览次数:
2354 次</h3>
            <div class="DetailCon">
              <video src="images/video.mp4" controls autoplay loop></video>
            </div>
      </div>
      <div class="preNext">
            上一篇: <a href="#">软件与大数据系举办摄影知识与技巧培训会</a><br>
            下一篇: <a href="#">我院在山东省新一代信息技术创新应用大赛——工业信息安全技能大赛
中荣获三等奖</a>
          </div>
    </div><!--右侧内容结束-->
```

该页面也不需要再新建样式表文件，直接打开 css 目录中的 list.css 文件，继续在该文件中添加
video.html 页面的样式代码即可。新添加的样式代码如下。

```css
/*视频样式*/
.DetailCon  video{
  width:100%;
  height:500px;
}
```

至此，视频宣传页制作完成，浏览该页面，效果如图 11-35 所示。
在页面中插入视频的代码如下。

```html
<video src="images/video.mp4" controls autoplay loop></video>
```

<video>是插入视频的标记，src 表示视频的文件路径，controls 表示在播放视频时出现控制菜单，
autoplay 表示自动播放，loop 表示循环播放。

HTML5 支持的视频格式有 Ogg、MP4、WebM 等。

若要播放音频文件，则用到的标记及格式如下。

```html
<audio src="音频文件路径" controls autoplay loop></audio>
```

<video>和<audio>这两个标记的属性是相同的，属性是通用的。

HTML5 支持的音频格式有 Ogg、MP3、WAV 等。

微课 11-11: 添加
网页动态效果（1）

微课 11-12: 添加
网页动态效果（2）

11.8 添加网页动态效果

　　本任务前几节创建了学院网站的主要页面，但页面中的有些
效果，如滚动文字、图片轮流切换等需要用 JavaScript 或 jQuery
脚本来实现，下面以滚动文字为例说明脚本效果的添加方法。

在 index.html 文件中的<head>和</head>标记之间添加脚本代码如下。

```
<script type="text/javascript">
    window.onload = function() {   //滚动文字效果
    var timer = null;
    var speed = -1;
    var od = document.getElementById("wrapper");
    var au = od.getElementsByTagName('ul')[0];
    var ali = au.getElementsByTagName('li');
    au.innerHTML = au.innerHTML + au.innerHTML;
    au.style.width = ali[0].offsetWidth * ali.length + 'px';
    timer = setInterval(move, 30)
    function move() {
        if (au.offsetLeft < -au.offsetWidth / 2) {
            au.style.left = '0';
        }
        if (au.offsetLeft > 0) {
            au.style.left = -au.offsetWidth / 2 + 'px';
        }
            au.style.left = au.offsetLeft + speed + 'px';
        }
            od.onmouseover = function() {
            clearInterval(timer);
        }
            od.onmouseout = function() {
            timer = setInterval(move, 30)
        }
    }
}
</script>
```

注意 JavaScript 脚本是嵌入 HTML 网页中的代码，脚本的起始标记是<script type="text/javascript">，结束标记是</script>。

此时，浏览 index.html 页面，滚动文字效果已添加到网页上。另外，网页上的图片轮流切换效果可以使用 jQuery 来完成，具体代码参见本书提供的源程序。

任务小结

本任务完整地制作了一个学院网站。首先进行网站规划，再使用 Photoshop 软件制作网站效果图，对效果图切片后获得制作网站的素材，然后在 HBuilderX 中制作网站主页、新闻列表页、新闻详情页面和视频宣传页，最后添加相关的脚本代码。通过制作该网站可以掌握完整的静态网站制作过程。

扩展阅读

网页的配色原则

网页色彩对网站有重要的作用。色彩是网页最容易吸引人的地方之一，良好的色彩搭配能给用户带来良好的视觉感受，有效展示企业品牌形象，提高品牌价值。在做网站时要选好主色调，遵循色彩搭配原则，并首先考虑使用网页安全色，避免色彩过于杂乱。

1. 选好网页主色调

选择主色调时，应首先确定网站的主题、服务对象和产品的特点，以及网站想营造的氛围，这些都要通过色彩表达出来。例如，蓝色可表现清凉、舒爽、深远、宁静、理智，多用蓝色搭配的企业一般都在科技、制药、服饰、金融、交通等行业。红色具有热情、奔放、前卫等特点，可用于食品类、时尚类、电商等行业的网站。

2. 限制使用颜色的数量

一般情况下，可选择一两种辅助色配合主色调，整个网页的色彩最好控制在 3 种以内。辅助色的面积虽小，却起着缓冲和强调的作用。辅助色能使主色调流畅，让页面有活力、有趣味。辅助色与主色调搭配合理，可使整个页面特色鲜明，引人注目。网页的辅助色可用主调色的同类色、邻近色、对比色。

3. 使用网页安全色

网页安全色是各种浏览器、各种设备都可以无损失、无偏差输出的色彩集合。在设计网页时尽量使用网页安全色，避免因色彩失真，用户看到的效果与你制作时看到的相差太多。否则，一旦你的色彩文件与用户的不同，可能会出现偏色很严重的情况。

但随着硬件设备精度的提升，有些网站大胆尝试非网页安全色，也取得了较好的视觉效果。

任务12
完整项目：制作化妆品网站

12

本任务以制作百雀羚化妆品网站为例，学习电商网站的设计与实现。本任务应用最新的 HTML5+CSS3 制作技术，做出绚丽多彩的网页效果；在网页上添加了音频和视频；利用 CSS3 的动画制作技术实现了动画，使做出的网站可以不使用 JavaScript 或 jQuery 就实现动画效果。

学习目标：

※ 进一步掌握 HTML5+CSS3 网页布局的方法；

※ 进一步掌握音频和视频的添加方法；

※ 进一步掌握 CSS3 的动画制作技术。

12.1　任务描述

百雀羚品牌创立于 1931 年，是中国历史悠久的护肤品牌。经过多年不懈创新与努力发展，百雀羚已经成长为较好的中国护肤品牌。本任务创建百雀羚化妆品网站的主页、登录页和注册页。

图 12-1～图 12-3 所示为创建完成的百雀羚化妆品网站主页的浏览效果。

图 12-1　百雀羚化妆品网站主页上部

（a）

图 12-2　百雀羚化妆品网站主页中部

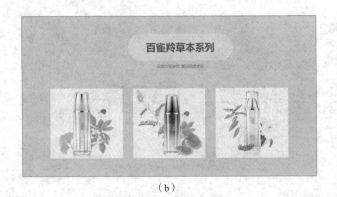

（b）

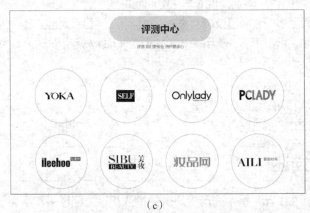

（c）

图 12-2　百雀羚化妆品网站主页中部（续）

图 12-3　百雀羚化妆品网站主页底部

12.2　网站规划

在制作网站之前，需要对网站进行整体规划，确保网站项目顺利实施。网站规划主要包括网站需求分析、网站的风格定位、规划草图、素材准备等。

12.2.1　网站需求分析

随着互联网的普及，在网上展示企业的产品变得越来越重要。设计企业网站的目的，就是让客户方便了解企业的基本情况与最新的产品信息。

百雀羚化妆品网站的功能如图 12-4 所示。

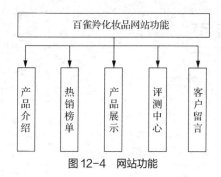

图 12-4　网站功能

12.2.2　网站的风格定位

在过去几年里，网站设计的风格发生了巨大变化，现代流行扁平化的设计风格，整洁美观和简单易用是网站设计流行的关键。本网站尽量采用简洁大方的设计风格，这对搜索和加载速度也是极有利的。在配色上，为了展现百雀羚自然健康的价值理念，采用绿色作为主色调。

12.2.3　规划草图

图 12-5 所示为本网站主页的草图。

图 12-5　网站主页草图

12.2.4　素材准备

本网站所有素材的目录如图 12-6 所示。其中，audio 目录存放音频文件，video 目录存放视频文件，css 目录存放样式表文件，images 目录存放所有图像文件，iconfont 目录存放从网上下载的图标字体文件。

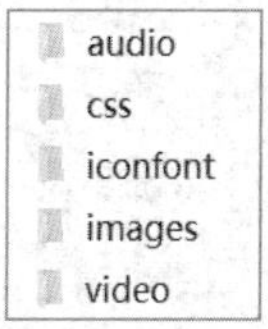

图 12-6　网站的素材目录

12.3　制作网站主页

设计软件：HBuilderX。

网页布局：采用 HTML5+CSS3 布局。

主页制作的步骤：

- 创建项目；
- 创建网页，搭建页面结构，添加页面元素和内容；
- 创建外部样式表；
- 设置网页中各元素的 CSS 样式。

以给出的图片素材为基础，使用 HBuilderX 创建项目，设计页面，具体步骤如下。

1. 创建项目

在 HBuilderX 中新建项目，项目名称为 chapter12，位于"E:/Web 前端开发/源码"目录下。

2. 准备素材

将本网站所用素材复制到 chapter12 项目中。

3. 新建网页

在项目中新建一个网页文件，命名为 index.html。

4. 创建样式表文件

在项目的 css 目录中创建样式表文件，文件名为 index.css，将该样式表文件链接到主页 index.html 中，另外，将图标字体的样式表文件也链接到主页中，代码如下。

```
<link rel="stylesheet" type="text/css" href="css/index.css">
<link rel="stylesheet" href="iconfont/iconfont.css" type="text/css">
```

> **说 明**　iconfont.css 是图标字体的样式表文件，需要链接到主页中。

打开 index.css 文件，书写通用样式及初始样式，代码如下。

```
body, ul, li, ol, dl, dd, dt, p, h1, h2, h3, h4, h5, h6, form, img {
    margin: 0;
    padding: 0;
    border: 0;
    list-style: none;
}
body {
    font-family: "微软雅黑", Arial, Helvetica, sans-serif;
    font-size: 14px;
}
a {
    color: #999;
    text-decoration: none;
}
a:hover {
    color: #fff;
}
input, textarea {
    outline: none;
}
```

5. 制作网站主页上部

（1）分析效果

观察图 12-7 不难看出，存放视频的大盒子包含头部、导航、音视频和图片等。其中，头部可以分为左（Logo）、右（登录、注册控件）两部分，导航结构清晰，分为左、中、右 3 部分。

图 12-7　网站主页上部效果图

当鼠标指针悬停于导航左侧的"选项"上时，出现侧边栏，因此，在导航左侧还需添加侧边栏部分。需要说明的是，导航右侧的 4 个小图标是通过引用 iconfont 矢量图标实现的。

（2）搭建结构

在 index.html 的代码窗口中添加上部的结构代码。

微课 12-1：制作
主页上部

```
<!-- videobox 开始 -->
<div class="videobox">
  <header>
    <div class="con">
      <section class="left"></section>
      <section class="right"> <a href="login.html">登录</a> <a href=
"register.html">注册</a> </section>
    </div>
  </header>
  <nav>
    <ul>
      <li class="left"> <a class="one" href="#"> <img src="images/sanxian.png"
alt=""> <span>选项</span> <img src="images/sanjiao.png" alt=""> </a>
      <aside> <span></span>
        <ol class="zuo">
          <li class="con">护肤</li>
          <li>&gt;洁面</li>
          <li>&gt;爽肤水</li>
          <li>&gt;精华</li>
```

```html
        <li>&gt;乳液</li>
        <li class="con">身体护理</li>
        <li>&gt;润肤</li>
        <li>&gt;沐浴露</li>
        <li>&gt;护手霜</li>
    <li class="con">男士专区</li>
    <li>&gt;爽肤水</li>
    <li>&gt;洁面</li>
    <li>&gt;面霜</li>
    <li>&gt;精华</li>
    </ol>
    <ol class="you">
    <li class="con">套装/礼盒</li>
    <li>&gt;补水保湿套装</li>
    <li>&gt;淡纹四件套</li>
    <li>&gt;护肤套装</li>
        <li class="con">热门搜索</li>
        <li>&gt;洗面奶</li>
        <li>&gt;爽肤水</li>
        <li>&gt;精华</li>
        <li>&gt;面膜</li>
    </ol>
    <img src="images/tu1.jpg" alt=""> </aside>
  </li>
  <li class="center">
    <form>
      <input type="text" value="请输入商品名称、品牌或编号">
    </form>
  </li>
  <li class="right">
    <a href="#"> <i class="iconfont">&#xe62e;</i></a>
    <a href="#"> <i class="iconfont">&#xe635;</i></a>
    <a href="#"> <i class="iconfont">&#xe636;</i></a>
    <a href="#"> <i class="iconfont">&#xe83f;</i></a>
  </li>
    </ul>
  </nav>
 <video src="video/bql.mp4" autoplay loop ></video>
 <audio src="audio/home.ogg" autoplay loop></audio>
</div>
<!-- videobox 结束 -->
```

在上面的代码中，通过 section 元素定义头部的左、右两部分内容，<aside>标记中定义的是导航左侧侧边栏的内容。导航右侧的小图标是引用的 iconfont 矢量图标。<video>和<audio>标记用来为网页添加视频和音频。

（3）定义样式

切换到 index.css 文件，继续添加该部分内容的样式代码。

```css
/* videobox 样式开始 */
```

```css
.videobox{                                /*外层大盒子的样式*/
    width:100%;
    height:680px;
    overflow: hidden;                     /*内容溢出时隐藏*/
    position: relative;                   /*外层大块采用相对定位*/
}
.videobox  video{                         /*视频元素的样式*/
    width:100%;
    min-width: 1280px;                    /*视频元素的最小宽度值*/
    position: absolute;                   /*视频元素采用绝对定位*/
    top: 50%;                             /*视频元素位于大块的中心位置*/
    left: 50%;
    transform: translate(-50%, -50%);
}
.videobox  header{                        /*头部的样式*/
    width:100%;
    height:40px;
    background: #333;
    z-index: 999;                         /*头部在最上层显示，不被视频元素遮盖*/
    position: absolute;
}
.videobox  header  .con{                  /*头部内容的样式*/
    width:1030px;
    height:40px;
    margin:0 auto;
}
.videobox  header  .left{                 /*头部左侧的样式*/
    width:75px;
    height:27px;
    background:url(../images/logoy.png) 0 0 no-repeat;
    margin-top: 10px;
    float: left;
}
.videobox  header  .right{                /*头部右侧的样式*/
    margin-top: 10px;
    float: right;
    font-family: "freshskin";             /*头部右侧的样式*/
}
.videobox  header  .right a{
    margin-right: 10px;
}
.videobox  nav{                           /*导航的样式*/
    width:100%;
    height:90px;
    background: rgba(0,0,0,0.2);
    z-index: 1000;                        /*导航在最上层显示，不被视频元素遮盖*/
    position: absolute;                   /*导航元素采用绝对定位*/
    top:40px;
    border-bottom: 1px solid #fff;
}
```

```
.videobox nav ul{
    width:1030px;                          /*导航元素中内容的宽度*/
    height:90px;
    margin:0 auto;
    position: relative;
}
.videobox nav ul li{
    float: left;
    margin-right: 19%;
}
.videobox nav ul .left:hover aside{
    display: block;                        /*侧边栏显示*/
}
.videobox nav ul .left a{
    display: block;
    height:90px;
    line-height: 90px;
    font-size: 20px;
    color:#fff;
}
.videobox nav ul .left a img{
    vertical-align: middle;
}
.videobox nav ul .left a span{
    margin:0 10px;
}
.videobox aside{
    display: none;                         /*侧边栏不显示*/
    width:380px;
    height:560px;
    background: rgba(0,0,0,0.3);           /*背景色为透明的灰色*/
    position: absolute;                    /*绝对定位*/
    left:0;
    top:90px;
    z-index: 1500;                         /*侧边栏在最上层显示，不被视频元素遮盖*/
    color:#fff;
}
.videobox aside span{                      /*三角符号的样式*/
    width:20px;
    height:14px;
    background:url(../images/liebiao.png) 0 0 no-repeat;
    position: absolute;
    left:50px;
    top:0;
}
.videobox aside ol{
    width:155px;
    float: left;
}
.videobox aside ol li{
    width:155px;
    height:25px;
    line-height: 25px;
```

```
        cursor: pointer;
        font-family: "宋体";
    }
    .videobox aside ol li.con{
        font-size: 16px;
        text-indent: 0;
        font-family: "微软雅黑";
        padding: 10px 0;
    }
    .videobox aside ol li:hover{color:#fff;}
    .videobox aside .zuo{margin:35px 0 0 68px;}
    .videobox aside .you{margin-top: 35px;}
    .videobox aside img{margin:10px 0 0 13px;}
    .videobox nav ul .center{margin-top: 32px;}
    .videobox nav ul .center input{                /*搜索框的样式*/
        width:240px;
        height:30px;
        border:1px solid #fff;
        border-radius: 15px;
        color:#fff;
        line-height: 32px;
        background: rgba(0,0,0,0);                  /*背景颜色完全透明*/
        padding-left: 30px;
        box-sizing:border-box;                      /*元素宽度包括边框和内边距*/
        background:url(../images/search.png) no-repeat 3px 3px;  /*添加搜索框中的小图标*/
    }
    .videobox nav ul .right{
        margin-top: 32px;
        width:280px;
        height:32px;
        margin-right:0;
        text-align: center;
        line-height: 32px;
        font-size: 16px;
    }
    .videobox nav ul .right a{
        display: inline-block;
        width:32px;
        height:32px;
        color:#fff;
        box-shadow: 0 0 0 1px #fff inset;           /*设置扩展半径为 1px 的内阴影*/
        transition: box-shadow 0.3s ease 0s;        /*过渡效果*/
        border-radius: 16px;
        margin-left: 30px;
    }
    .videobox nav ul .right a:hover{
        box-shadow: 0 0 0 16px #fff inset;          /*设置扩展半径为 16px 的内阴影,填充白色*/
        color:#C1DCC5;
    }
    /* videobox 样式结束 */
```

此时，浏览网页，该部分的浏览效果如图 12-7 所示。

6. 制作"至臻宠爱畅销榜单"部分

"至臻宠爱畅销榜单"部分效果如图 12-8 所示。当鼠标指针悬停到图片上时，从图片上方下拉出遮罩效果。

（1）分析效果

观察图 12-8 不难看出，该部分内容分为标题和产品两部分。

图 12-8 "至臻宠爱畅销榜单"部分效果

（2）搭建结构

继续在 index.html 的代码窗口中添加"至臻宠爱畅销榜单"部分的结构代码。

```html
<!-- new begin -->
<div class="new">
  <header> 至臻宠爱畅销榜单 </header>
  <p>补水保湿 提亮肤色 低敏配方 收缩毛孔 滋养容颜</p>
  <ul>
    <li>
      <hgroup>
        <h2>本草轻妆 净透无瑕</h2>
        <h2>肌源透润恒采美肌水</h2>
        <h2></h2>
        <h2></h2>
      </hgroup>
    </li>
    <li>
      <hgroup>
        <h2>激发源头水润修复力</h2>
        <h2>海之秘赋能恒润高保湿精华液</h2>
        <h2></h2>
        <h2></h2>
      </hgroup>
    </li>
    <li>
      <hgroup>
        <h2>悦色又养肤国民气垫 BB</h2>
        <h2>肌源透润气垫修容霜</h2>
        <h2></h2>
        <h2></h2>
      </hgroup>
```

```
        </li>
    </ul>
</div>
<!-- new end -->
```

在上述代码中，header 元素用于添加标题，产品部分用无序列表构造，hgroup 元素表示标题组，包含 4 个 h2 标题。

（3）定义 CSS 样式

切换到 index.css 文件，继续添加"至臻宠爱畅销榜单"部分的样式代码。

```
/* new 样式开始*/
.new{
    width:100%;
    height:530px;
    background: #fff;
}
.new header{                        /*标题行样式*/
    width:385px;
    height: 95px;
    line-height:95px;
    background:#D5CFCF;
    border-radius: 48px;                /*设置圆角效果*/
    margin:70px auto 0;
    box-sizing:border-box;              /* 边框和内边距包含在元素宽度内 */
    text-align: center;
    font-size: 36px;
    font-weight: bold;
    color: #333333;
    text-shadow: 3px 3px 3px #ccc;      /*设置文字阴影效果*/
}
.new p{
    margin-top: 10px;
    text-align: center;
    color: #db0067;
}
.new ul{
    margin:70px auto 0;
    width: 960px;
}
.new ul li{
    width:266px;
    height:250px;
    border:1px solid #ccc;
    background:url(../images/pic1.png) 0 0 no-repeat;
    float: left;
    margin-right:8%;
    margin-bottom: 40px;
    position: relative;                 /*相对定位*/
    overflow: hidden;                   /*溢出内容不显示，也就是初始遮罩不显示*/
}
.new ul li:nth-child(2){                /*设置第二个 li 元素的背景图像*/
    background-image: url(../images/pic2.png);
}
```

```
.new  ul  li:nth-child(3){                        /*设置第三个 li 元素的背景图像*/
    margin-right: 0;
    background-image: url(../images/pic3.png);
}
.new  ul  li  hgroup{                             /* 遮罩的样式 */
    position: absolute;
    left:0;
    top:250px;                                    /*不显示*/
    width:266px;
    height:250px;
    background: rgba(0,0,0,0.5);                  /*半透明效果*/
    transition: all 0.5s ease-in 0s;             /*设置过渡效果*/
}
.new  ul  li:hover  hgroup{                       /*鼠标指针移动到产品上时显示遮罩*/
    position: absolute;                           /* 绝对定位 */
    left:0;
    top:0;
}
.new  ul  li  hgroup  h2:nth-child(1){            /*设置第一个 h2 元素的样式*/
    font-size: 22px;
    text-align: center;
    color:#fff;
    font-weight: normal;
    margin-top: 58px;
}
.new  ul  li  hgroup  h2:nth-child(2){
    font-size: 14px;
    text-align: center;
    color:#fff;
    font-weight: normal;
    margin-top: 15px;
}
.new  ul  li  hgroup  h2:nth-child(3){
    width:26px;
    height: 26px;
    margin-left: 120px;
    margin-top: 15px;
    background:url(../images/jiantou.png)  no-repeat;
}
.new  ul  li  hgroup  h2:nth-child(4){
    width:75px;
    height: 22px;
    margin-left: 95px;
    margin-top: 25px;
    background:url(../images/anniu.png)  no-repeat;
}
/* new 样式结束 */
```

浏览网页，该部分的浏览效果如图 12-8 所示。

7. 制作"百雀羚草本系列"部分

"百雀羚草本系列"部分效果如图 12-9 所示。当鼠标指针悬停在图片上时，图片翻转，显示另一张图片。

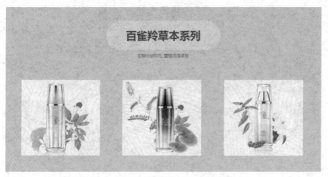

微课 12-3：制作
草本系列部分

图 12-9 "百雀羚草本系列"部分效果

（1）分析效果

观察图 12-9 不难看出，该部分内容同样也分为标题和产品两部分，与上部分内容类似。不同的是，当鼠标指针悬停到每张图片时，图片会翻转，显示出产品介绍图片。该效果是通过 3D 旋转实现的。

（2）搭建结构

继续在 index.html 的代码窗口中添加"百雀羚草本系列"部分的结构代码。

```html
<!-- caoben bigan -->
<div class="caoben">
  <header>百雀羚草本系列</header>
  <p>初赋年轻肤质 重现细滑紧致</p>
  <ul>
    <li><img class="zheng" src="images/pic4.png" alt=""> <img class="fan"
src="images/pic4f.png" alt=""></li>
    <li> <img class="zheng" src="images/pic5.png" alt=""> <img class="fan"
src="images/pic5f.png" alt=""> </li>
    <li> <img class="zheng" src="images/pic6.png" alt=""> <img class="fan"
src="images/pic6f.png" alt=""> </li>
  </ul>
</div>
<!-- caoben end -->
```

在上面的代码中，header 元素用于添加标题，无序列表 ul 用于定义产品部分，且在每个 li 元素内存储两张图片，一张为产品图，一张为产品介绍图。

（3）定义样式

切换到 index.css 文件，继续添加"百雀羚草本系列"部分的样式代码。

```css
/* caoben 样式开始*/
.caoben{
    width:100%;
    height:512px;
    background:#b3cab1;
    padding-top: 70px;
}
.caoben header{
    width:385px;
    height: 95px;
    line-height:95px;
    text-align: center;
    background:#D5CFCF;
```

```
        border-radius: 48px;                          /*设置为圆角矩形*/
        margin:0 auto;
        box-sizing:border-box;                        /* 边框和内边距包含在元素宽度内 */
        font-size: 36px;
        font-weight: bold;
        color: #333333;
        text-shadow: 3px 3px 3px #ccc;                /*为文字添加阴影*/
    }
    .caoben p{
        margin-top: 10px;
        text-align: center;
        color:#db0067;
    }
    .caoben ul{
        margin:70px auto 0;
        width: 960px;
    }
    .caoben ul li{                                    /*图片的样式*/
        width:266px;
        height:251px;
        float: left;
        margin-right:8%;
        margin-bottom: 40px;
        position: relative;                           /*设置相对定位*/
        -webkit-perspective: 230px;                   /*用于指定元素的 3D 透视效果*/
    }
    .caoben ul li:last-child{                         /*最后一个 li 元素*/
        margin-right: 0;
    }
    .caoben ul li img{
        position: absolute;                           /*采用绝对定位*/
        left:0;
        top:0;
        -webkit-backface-visibility: hidden;          /*用于定义元素在不面对屏幕时是否可见*/
        backface-visibility: hidden;
        transition: all 0.5s ease-in 0s;              /*设置旋转的过渡效果*/
    }
    .caoben ul li img.fan{
        -webkit-transform: rotateX(-180deg);          /*绕 x 轴逆时针旋转 180 度，隐藏图片*/
        transform: rotateX(-180deg);
    }
    .caoben ul li:hover img.fan{
        -webkit-transform: rotateX(0deg);             /*绕 x 轴逆时针旋转 0 度，显示图片*/
        transform: rotateX(0deg);
    }
    .caoben ul li:hover img.zheng{
        -webkit-transform: rotateX(180deg);           /*绕 x 轴顺时针旋转 180 度，隐藏图片*/
        transform: rotateX(180deg);
    }
    /*  caoben 样式结束 */
```

此时，浏览网页，该部分的浏览效果如图 12-9 所示。

8．制作"评测中心"部分

"评测中心"部分效果如图 12-10 所示。当鼠标指针悬停在图片上时，切换为另一张图片。

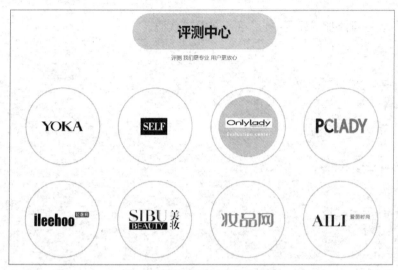

微课 12-4：制作评测中心部分

图 12-10 "评测中心"部分效果

（1）分析效果

观察图 12-10 不难看出，该部分内容同样也分为标题和评测公司 Logo 两部分。当鼠标指针悬停在评测公司的 Logo 上时，另一张图片会代替当前的图片，而且图片的切换产生过渡效果。

（2）搭建结构

继续在 index.html 的代码窗口中添加"评测中心"部分的结构代码。

```html
<!-- text begin -->
<div class="text">
    <header> 评测中心 </header>
    <p>评测 我们更专业 用户更放心</p>
    <ul>
        <li> <img class="tu" src="images/cp1.jpg" alt=" "> <img class="tihuan" src=
"images/ th1.png" alt=" "> </li>
        <li> <img class="tu" src="images/cp2.jpg" alt=" "> <img class="tihuan" src=
"images/ th2.png" alt=" "> </li>
        <li> <img class="tu" src="images/cp3.jpg" alt=" "> <img class="tihuan" src=
"images/ th3.png" alt=" "> </li>
        <li> <img class="tu" src="images/cp4.jpg" alt=" "> <img class="tihuan" src=
"images/ th4.png" alt=" "> </li>
        <li> <img class="tu" src="images/cp5.jpg" alt=" "> <img class="tihuan" src=
"images/ th5.png" alt=" "> </li>
        <li> <img class="tu" src="images/cp6.jpg" alt=" "> <img class="tihuan" src=
"images/ th6.png" alt=" "> </li>
        <li> <img class="tu" src="images/cp7.jpg" alt=" "> <img class="tihuan" src=
"images/ th7.png" alt=" "> </li>
        <li> <img class="tu" src="images/cp8.jpg" alt=" "> <img class="tihuan" src=
"images/ th8.png" alt=" "> </li>
    </ul>
</div>
<!-- text end -->
```

在上面的代码中，header 元素用于添加标题，无序列表 ul 用于定义公司 Logo 部分，且在每个 li 元素内存储两张图片，一张为初始显示的 Logo 图片，一张为鼠标指针悬停在图片上时变换的 Logo 图片。

（3）定义样式

切换到 index.css 文件，继续添加"评测中心"部分的样式代码。

```css
/* text 样式开始 */
.text {
    width: 100%;
    height: 700px;
    background: #fff;
    padding-top: 70px;
}
.text header {
    width: 385px;
    height: 95px;
    line-height: 95px;
    background: #E6E6E6;
    border-radius: 48px;
    margin: 0px auto;
    box-sizing: border-box;
    text-align: center;
    font-size: 36px;
    font-weight: bold;
    color: #5355BB;
    text-shadow: 3px 3px 3px #ccc;
}
.text p {
    margin-top: 10px;
    text-align: center;
    color: #db0067;
}
.text ul {
    margin: 70px auto 0;
    width: 960px;
}
.text ul li {
    width: 195px;
    height: 195px;
    border: 3px solid #91e477;         /*设置边框*/
    border-radius: 50%;                /*设置为圆形*/
    float: left;
    margin-right: 5%;
    margin-bottom: 40px;
    position: relative;                /*父元素定位*/
}
.text ul li img {
    position: absolute;                /* 子元素采用绝对定位 */
    top: 50%;
    left: 50%;
    transform: translate(-50%, -50%);  /*平移元素，使图像在 li 元素的正中心*/
}
```

```
.text  ul  li:nth-child(4), .text ul li:nth-child(8) {
     margin-right: 0;
}
.text ul li .tihuan {
     opacity: 0;                                  /*透明度为 0，替换图像不可见*/
     transition: all 0.4s ease-in 0.2s;           /*设置过渡效果*/
}
.text ul li:hover .tihuan {
     opacity: 1;                                  /*透明度为 1，替换图像完全可见*/
     transform: translate(-50%, -50%) scale(0.75); /*图像缩小为原来的 75%*/
}
.text ul li .tu {
     transition: all 0.4s ease-in 0s;
}
.text ul li:hover .tu {                           /*图像缩小为原来的 50%后，不可见*/
     opacity: 0;                                  /*透明度为 0，图像不可见*/
     transform: translate(-50%, -50%) scale(0.5);
}
/* text 样式结束 */
```

浏览网页，该部分的浏览效果如图 12-10 所示。

9. 制作页脚及版权部分

页脚和版权部分的效果如图 12-11 所示。

微课 12-5：制作
页脚及版权部分

图 12-11　页脚和版权部分效果

（1）分析效果

观察图 12-11 不难看出，页脚内容分为上面的 Logo 图片和下面的表单两部分。表单部分又分为左、右两部分。版权部分包含一行文字，该行文字具有超链接。

（2）搭建结构

继续在 index.html 的代码窗口中输入页脚和版权部分的结构代码。

```
<footer>
  <div class="logo"></div>
  <div class="message">
    <form>
     <ul class="left">
       <li>
         <p><label for=" ">姓名: </label></p><input type="text">
       </li>
       <li><p>邮箱: </p><input type="email"></li>
```

```
        <li>
          <p>电话: </p><input type="tel" pattern="^\d{11}$" title="请输入 11 位数字">
</li>
        <li><p>密码: </p> <input type="password"> </li>
        <li>
          <input class="but" type="submit" value=" ">
        </li>
      </ul>
      <div class="right">
        <p>留言: </p>
        <textarea></textarea>
      </div>
    </form>
  </div>
</footer>
<div class="copyright"> <a href="#">上海百雀羚日用化学有限公司</a> </div>
```

在上面的代码中，类名为 "logo" 的 div 元素用于添加 Logo 图片。表单中的内容分为左、右两部分，左边通过无序列表 ul 搭建用户注册信息结构，内部使用<input>表单控件，根据表单控件所输入内容的不同分别设置相应的 type 值，右边的留言框使用表单标记<textarea>定义。版权部分通过类名为 "copyright" 的 div 元素定义。

（3）定义样式

切换到 index.css 文件，继续添加页脚和版权部分的样式代码。

```
/* footer 样式开始*/
footer {
    width: 100%;
    height: 400px;
    background: #545861;
    border-bottom: 1px solid #fff;
}
footer  .logo {
    width: 1000px;
    height: 100px;
    margin: 0 auto;
    background: url(../images/logo.png) no-repeat center center;
    border-bottom: 1px solid #8c9299;
}
footer  .message {
    width: 1000px;
    margin: 20px auto 0;
    color: #fffada;
}
footer  .message  .left {
    width: 525px;
    float: left;
    padding-left: 30px;
    box-sizing: border-box;
}
footer  .message  .left li {
    float: left;
    margin-right: 30px;
}
```

```
footer .message .left li input {
    width: 215px;
    height: 32px;
    border-radius: 5px;
    margin: 10px 0 15px 0;
    padding-left: 10px;
    box-sizing: border-box;
    border: none;
}
footer .message .left li:last-child input {          /*设置按钮的样式*/
    width: 120px;
    height: 39px;
    padding-left: 0;
    border: none;
    background: url(../images/but.jpg) no-repeat;
}
footer .message .right {
    float: left;
}
footer .message .right p {
    margin-bottom: 10px;
}
footer .message .right textarea {
    width: 400px;
    height: 172px;
    padding: 10px;
    box-sizing: border-box;
    resize: none;                                    /*不能调整元素的大小*/
}
/* footer 样式结束 */
/* copyright 样式开始 */
. copyright {
    width: 100%;
    height: 60px;
    background: #333333;
    text-align: center;
}
. copyright a {
    line-height: 60px;
}
}
/* copyright 样式结束 */
```

浏览网页，该部分的浏览效果如图 12-11 所示。

至此，网站的主页制作完成。

12.4 制作网站登录页面

制作网站登录页面，文件名为 login.html，浏览效果如图 12-12 所示。

（1）分析效果

观察图 12-12 不难看出，该页面分为 3 部分：头部、中部和底部，头部又分为左、右两部分，中部是表单，底部是公司名称。

微课 12-6：制作
登录页面

图 12-12　网站登录页面效果

（2）搭建结构

```
<!DOCTYPE html>
<html>
<head>
    <meta charset="utf-8">
    <title>登录</title>
    <link rel="stylesheet" type="text/css" href="css/login.css">
</head>
<body>
<header>
    <div class="hleft"><a href="index.html"><img src="images/logoblue.jpg"
alt=""></a></div>
    <div class="hright"><a href="index.html">回首页查看商品信息</a></div>
</header>
<div id="mainlogin">
    <div class="loginbg">
            <form class="loginf" action="" method="get" autocomplete="on">
                <h2>用户登录</p>
                <p>
                    <input name="txtUsername" type="text"  class="name"
placeholder="邮箱/用户名/手机号">
                </p>
                <p>
                    <input name="txtPwd" type="password"  class="pass" pattern=
"^[a-zA-Z]\w{5,17}$" placeholder="密码">
                </p>
                <p>
                    <input name="btnlog" type="submit" value="登录" class="btn">
                </p>
                <p class="reg">
                    <a href="register.html">用户免费注册</a>
                </p>
            </form>
        </div>
    </div>
    <div class="copyright"> <a href="#">上海百雀羚日用化学有限公司</a> </div>
```

```
</body>
</html>
```

（3）定义样式

在项目中创建 CSS 文件，文件名为 login.css，添加样式代码如下。

```
body,h2,p,input{margin:0;padding:0;border:0}
body {
    font-family:"microsoft yahei" ;
    font-size:14px;
}
a{color:#999;text-decoration: none;}
header {
    width: 1030px;
    height: 70px;
    margin: 0 auto;
}
header  .hleft {
    float: left;
    width:128px;
    height: 70px;
}
header  .hright {
    float: right;
    height: 70px;
    line-height:70px;
    background: url(../images/inf.jpg) no-repeat left center;
}
header  .hright  a {
    padding-left: 35px;
}
#mainlogin {
    width: 100%;
    height: 600px;
    background-color: #cfeeee;
}
.loginbg {
    width: 1030px;
    height: 600px;
    background: url(../images/loginbg.jpg);
    margin: 0 auto;
    box-sizing: border-box;
    padding: 140px 0 0 600px;
}
.loginf {                      /*表单的样式*/
    width: 300px;
    height: 280px;
    padding: 20px 30px;
    background: #f5f8fd;
    border-radius: 20px;       /*设置圆角半径*/
    border: 1px solid #4faccb;
}
.loginf  p{margin-top:20px;}
.name,.pass {                  /*文本框设置相同的宽度、高度等属性*/
    width: 250px;
```

```
        height: 24px;
        border: 1px solid #38a1bf;
        border-radius:5px;
        padding: 2px 2px 2px 26px;
    }
    .name {                            /*设置第一个文本框的背景*/
        background: url(../images/1.jpg) no-repeat 5px center #FFF;
    }
    .pass {                            /*设置第二个文本框的背景*/
        background: url(../images/2.jpg) no-repeat 5px center #FFF;
    }
    .btn {                             /*设置按钮的样式*/
        width: 278px;
        height: 40px;
        border: 1px solid #6b5d50;
        border-radius: 3px;
        background: #3bb7ea;
        font-size: 20px;
        color: #FFF;
    }
    .reg{
        font-size:16px;
    }
    . copyright {
        width: 100%;
        height: 60px;
        background: #333333;
        text-align: center;
    }
    . copyright  a {
        line-height: 60px;
    }
```

至此，网站登录页面制作完成，浏览该页面，效果如图 12-12 所示。

12.5 制作网站注册页面

制作网站注册页面，文件名为 register.html，浏览效果如图 12-13 所示。

微课 12-7：制作
注册页面

图 12-13 网站注册页面效果

（1）分析效果

观察图 12-13 不难看出，该页面分为 3 部分：头部、中部和底部，头部又分为左、右两部分，中部是表单，底部是公司名称。

（2）搭建结构

```
<!DOCTYPE html>
<html>
<head>
    <meta charset="utf-8">
    <title>注册</title>
    <link rel="stylesheet" type="text/css" href="css/register.css">
</head>
<body>
    <header>
        <div class="hleft"><a href="index.html"><img src="images/logoblue.jpg"
alt=""></a></div>
        <div class="hright"><a href="index.html">回首页查看商品信息</a></div>
    </header>
    <div id="mainregister">
        <div class="registerbg">
            <form class="registerf" action="" method="get" autocomplete="on">
                <h2>手机号注册</h2>
                <p>
                    <input name="txtUsername" type="text" class="name"
pattern="^[a-zA-Z][a-zA-Z0-9_]{4,15}$" placeholder="用户名">
                </p>
                <p>
                    <input name="txtUserphone" type="text" class="phone"
pattern="^(13[0-9]|14[5|7]|15[0|1|2|3|5|6|7|8|9]|18[0|1|2|3|5|6|7|8|9])\d{8}$"
                    placeholder="手机号">
                </p>
                <p>
                    <input name="txtPwd" type="password" class="pnum"
placeholder="短信验证码">
                </p>
                <p>
                    <input name="txtPwd" type="password" class="pass"
pattern="^[a-zA-Z]\w{5,17}$" placeholder="密码">
                </p>
                <p>
                    <input name="btnreg" type="submit" value="注册"
class="btn">
                </p>
                <p class="log">
                    已经有账号？   <a href="login.html">直接登录</a>
                </p>
            </form>
        </div>
    </div>
    <div class="copyright"> <a href="#">上海百雀羚日用化学有限公司</a> </div>
</body>
</html>
```

（3）定义样式

在项目中创建 CSS 文件，文件名为 register.css，添加样式代码如下。

```css
body,h2,p,input{margin:0;padding:0;border:0}
body {
    font-family:"microsoft yahei" ;
    font-size:14px;
}
a{color:#999;text-decoration: none;}
header {
    width: 1030px;
    height: 70px;
    margin: 0 auto;
}
header  .hleft {
    float: left;
    width:128px;
    height: 70px;
}
header  .hright {
    float: right;
    height: 70px;
    line-height:70px;
    background: url(../images/inf.jpg) no-repeat left center;
}
header  .hright  a {
    padding-left: 35px;
}
#mainregister{
    width: 100%;
    height: 600px;
    background-color: #ddf0ea;
}
.registerbg{
    width: 1030px;
    height: 600px;
    background:url(../images/registerbg.jpg);
    margin: 0 auto;
    box-sizing: border-box;
    padding:140px 0 0 600px;
}
.registerf{                      /*表单的样式*/
    width: 300px;
    height: 360px;
    padding: 0px 30px;
    background: #f5f8fd;
    border-radius: 20px;             /*设置圆角半径*/
    border: 1px solid #4faccb;
    padding-top:15px;
}
.registerf  p{margin-top:20px;}
.name,.phone,.pnum,.pass{      /*文本框设置相同的宽度、高度等属性*/
    width: 250px;
    height: 24px;
```

```
    border: 1px solid #38a1bf;
    border-radius:3px;
    padding: 2px 2px 2px 26px;
}
.name {                        /*设置第一个文本框的背景*/
    background: url(../images/1.jpg) no-repeat 5px center #FFF;
}
.phone{background: url(../images/phone.jpg) no-repeat 5px center #FFF;}
.pnum{background: url(../images/eml.jpg) no-repeat 5px center #FFF;}
.pass {                        /*设置第二个文本框的背景*/
    background: url(../images/2.jpg) no-repeat 5px center #FFF;
}
.btn {                         /*设置按钮的样式*/
    width: 278px;
    height: 40px;
    border: 1px solid #6b5d50;
    border-radius: 3px;
    background: #3bb7ea;
    font-size: 20px;
    color: white;
}
.log {color: #666;}
.log a{color: #236e8c;}
. copyright {
    width: 100%;
    height: 60px;
    background: #333333;
    text-align: center;
}
. copyright a {
    line-height: 60px;
}
```

至此，网站注册页面制作完成，浏览该页面，效果如图 12-13 所示。

任务小结

本任务使用 HTML5+CSS3 的结构元素构建页面内容；运用图像元素强化了商品显示时的视觉效果；音频和视频的运用为网站增添了动感效果；运用 CSS3 的最新动画制作技术实现了图像的变换、旋转、放大或缩小等效果。通过该任务，可以学会时下流行的 Web 前端开发技术。

扩展阅读

iconfont 是什么？

iconfont 是国内功能强大且图标内容丰富的矢量图标库，提供矢量图标下载、在线存储、格式转换等功能。它由阿里巴巴体验团队倾力打造，是设计师和前端开发工程师的便捷工具。设计师将图标上传到 iconfont 平台，用户可以自定义下载多种格式的图标，平台也可将图标转换为字体，便于前端工程师自由调整与调用。用户可以自由调整图标大小、修改图标颜色、为图标添加一些视觉效果（如阴影、旋转、透明度等）。

iconfont 提供海量图标，访问地址请同学们通过百度网站搜索获得。

下面介绍在本网站中引用 iconfont 图标的方法。

（1）在 iconfont 的官方网站中找到自己想要的图标，也可以搜索图标。将鼠标指针移到对应图标上，单击图标上方的红色购物车，将图标加入购物车，依次选择自己所需的图标，如图 12-14 所示。

图 12-14　添加图标到购物车

（2）单击图 12-14 所示的网页右上角的用户购物车，在打开的窗口中单击"添加至项目"按钮，显示图 12-15 所示的界面，单击"新建项目"图标，添加一个项目，单击"确定"按钮，将图标加入刚才新建的项目中。

图 12-15　将购物车中的图标添加到项目中

（3）打开项目面板，如图 12-16 所示。项目面板中显示了刚才所加的 4 个图标的样式、名称及代码。如果想让你的图标更个性化，则可以单击图标上方的"铅笔"进行编辑。单击"下载至本地"按钮下载图标文件。不要关闭本页面，因为接下来还要需要复制图标对应的代码。

图 12-16　下载项目中的图标

（4）将下载的压缩文件解压后得到的文件复制到本网站对应的目录中，如图 12-17 所示。

图 12-17　解压后得到的文件

（5）引用图标。

① 根据文件存放位置，在<head>中引用此字体样式，本网站对应的代码为<link rel="stylesheet" href="iconfont/iconfont.css" type="text/css">。

② 在<body>标记中引用图标，如图 12-18 所示。其中等是在图 12-16 中复制的图标代码。

图 12-18　引用图标

到这一步就完成引用了。更详细的使用方法可以参照 iconfont 官方网站的介绍。同学们，快去体验 iconfont 的强大功能吧！

参考文献

[1] 李志云，董文华．Web 前端开发案例教程（HTML5+CSS3）（微课版）[M]．北京：人民邮电出版社，2019．

[2] 李志云．网页设计与制作案例教程（HTML+CSS+DIV+JavaScript）[M]．北京：人民邮电出版社，2017．

[3] 黑马程序员．HTML+CSS+JavaScript 网页制作案例教程[M]．第 2 版．北京：人民邮电出版社，2020．

[4] 黑马程序员．HTML5+CSS3 网页设计与制作[M]．北京：人民邮电出版社，2020．